中国地震局地震科普图书精品创作工程

防震减灾
知识丛书

中小学生
防震减灾
知识读本

河南省地震局　编

U0223838

地震出版社

图书在版编目（CIP）数据

中小学生防震减灾知识读本 / 河南省地震局编 .
—北京：地震出版社，2019.7（2024.6重印）
（防震减灾知识丛书）
ISBN 978-7-5028-5054-8

Ⅰ . ①中 … Ⅱ . ①河 … Ⅲ . ①防震减灾 — 中国 — 青少
年读物 Ⅳ . ① P315.9-49

中国版本图书馆 CIP 数据核字（2019）第120870 号

地震版　XM 5818 / P （5772）

中小学生防震减灾知识读本

河南省地震局　　编
责任编辑：董　青　樊　钰
责任校对：刘　丽

出版发行：**地震出版社**
　　　　　北京市海淀区民族大学南路 9 号　　　邮编：100081
　　　　　发行部：68423031　68467991
　　　　　总编办：68462709　68423029
　　　　　http://seismologicalpress.com
经销：全国各地新华书店
印刷：河北文盛印刷有限公司

版（印）次：2019 年 7 月第一版　　2024 年 6 月第 8 次印刷
开本：787×1092　1/16
字数：114 千字
印张：7
书号：ISBN 978-7-5028-5054-8
定价：58.00 元

《中小学生防震减灾知识读本》
编 委 会

主　编：王合领

副主编：管志光　张婷婷

编　委：（按姓氏笔画排序）

　　　　兰艳歌　李正一　段雅琴　滕　婕

前言

QIANYAN

2018 年 7 月 28 日，全国首届地震科普大会在唐山召开，会前印发了《加强新时代防震减灾科普工作的意见》，会上中国地震局局长郑国光以"防震减灾科普先行"为主题，全面部署了今后一个时期的防震减灾科普工作，要求坚持以人民为中心的思想，本着从实践中来到实践中去的原则，创作集科学性、权威性、趣味性于一体的科普作品，为防震减灾知识丛书（以下简称"丛书"）编纂指明了方向，提供了动力。

丛书大力弘扬习近平总书记防灾减灾救灾重要论述，注重科学性和可读性相统一，使读者易于理解所阐释的科学原理，领悟所倡导的科学思想，掌握所传授的科学方法；从科学人文角度讲述防震减灾文化理念，从情景再现出发讲述科学的防震避险方法和自救互救技能，讲好防震减灾故事，有温度，有思考。

为了提高丛书的实用性和针对性，我们先后征求了防震减灾科普示范学校、示范社区、示范企业等相关人员的意见和建议。在丛书编写中，中国地震局原局长陈章立研究员、中国灾害防御协会副秘书长邹文卫编审、中国地震应急搜救中心培训部主任贾群林高级工程师等有关专家给予指导和帮助，同时参考了大量科技专著。可以说，这套丛书的编纂出版包含了众多人的心血和智慧，在此一并表示衷心的感谢！

由于学识和水平有限，书中难免存在疏漏和不足，敬请专家和读者批评指正。

编 者

2019 年 7 月

目录 MULU

第一章　认识地震

　　同学们，我们生活的地球表面好像是静止不动的，实际上并非如此。地球自形成之日起就很不安分，它的内部、外部运动从来就没有停止过。地球的运动在给我们带来山河景观的同时，地球内部的板块构造运动造成板块之间的相互挤压、碰撞，还往往引起火山、地震等地质灾害。也就是说，地震是地球运动过程中的一种自然现象，是会经常发生的。因此，要想知道地震是怎么回事，首先要从认识我们赖以生存的地球开始。

第一节　喜爱运动的地球

　　上天容易入地难。当今科技高速发展，宇宙飞船让我们实现了遨游太空的梦想，但由于地球的"不可入性"，我们赖以生存的地球其实还有着太多的秘密没有被发现，特别是对地球的内部人们更是知之甚少。不知你是否相信，我们对地球内部的认识还得归功于地震呢。俄国科学家伽利津说："可以把一次地震比作一盏灯，它点燃的时间虽短，但可以照亮地球的内部。"这句话形象生动地说明了地震对于人类了解地球内部状态的意义。科学家们通过利用由地震产生的地震波来研究地球内部的结构，为我们揭开了地球内部神秘的面纱。

一、探秘活跃的地球

　　蓝色的星球——地球，是太阳系中的一颗行星。据科学家探测，地球已形成46亿年。地球自它诞生以来就十分喜爱运动，自己转一圈需要花费23小时56分04秒，这个时间称为恒星日。同学们也许会问，一天不是24小时吗？是啊，待在地球上的我们感受到的就是24小时，因为我们选取的参照物是太阳，地球在自转的时候是在围绕着太阳公转的，于是地球自转和公转叠加的时间就多了约4分钟，即24小时，天文学上把这24小时称为太阳日。

地球每小时转动15°，在赤道上的线速度是每秒465米，正因为它这样不停的转动，才会出现日出日落。别以为地球在黄道上公转一圈很轻松，其实这个轨道长达9.4亿千米，走完一圈需要整整一年！具体来说应该是365.25天。地球公转的角度是每天1°，速度是每秒30千米。

地球自转的平面叫赤道面，地球公转轨道所在的平面叫黄道面。两个面的交角称为黄赤交角，地轴垂直于赤道平面，与黄道平面交角为66°34′，或者说赤道平面与黄道平面间的黄赤交角为23°26′，由此可见地球是倾斜着身子围绕太阳公转的。地球离太阳越近，受到的作用力越强，速度就会越快，离太阳越远就越慢。而且，地轴就像一个陀螺在旋转，它的两端可不是固定不变的，而是围绕着北极点在不规则地画着圆圈。

地球运动的形式多种多样。一方面，地球在浩瀚宇宙中高速飞行；另一方面，地球内部也在不断地运动变化着。地球绝大多数的运动不易被人察觉，如青藏高原在缓慢地抬升，但有一些运动可以被人们感知，如地震、火山爆发。人们发现，在某些山岭的岩石里，保存有古代海中的生物化石；在一些山顶上，散布着过去河流中的沙砾和卵石。

地球在不断地运动

这说明，过去曾是海洋或河流的地方，现在却变成了高山峻岭。人们还发现，一些地方的海底保留有过去陆地上河流谷地的形迹，一些江河湖海的水下沉睡着古代的森林、村镇等，这就是人们常说的"沧海桑田"了。这些都是地球不停运动的结果。

二、穿越地心之旅

那么，同学们知道我们生活的地球内部到底是什么样吗？假设我们拥有一套能够穿越坚硬岩石的盔甲，那就让我们穿上这套盔甲，来一场从地球表面到达地心的旅程吧。在这一旅程中，我们将穿过不同的圈层——地壳、地幔、地核，欣赏沿途不同的"风景"。

（一）地壳

地心之旅首先从地壳开始。地壳是地球固体圈层的最外层，由岩石组成。如果把地球比喻成一个大号鸡蛋的话，那地壳就像是蛋壳。地壳的厚度各地有很大的差异。地壳基本可以分为大陆地壳和大洋地壳两种，前者厚度较大，平均厚度约35千米，越往高山地区，厚度越大，我国天山和青藏高原的地壳厚度就达到65千米以上，最厚可达80千米。而大洋地壳厚度较小，平均厚度仅为7千米，大西洋和印度洋地壳厚度为10～15千米，太平洋部分为5千米，最薄处在马里亚纳海沟，地壳厚度约为1千米。

（二）地幔

穿过地壳继续向地心前进，我们将穿过一条界线——莫霍洛维奇界面，简称莫霍面，它是地壳与地幔之间的分界面。莫霍面是南斯拉夫地震学家莫霍洛维奇于1909年的一次地震时意外发现的。莫霍面之下就是温度较高的地幔了，它滚烫粘稠，仿佛是被熔化了的巧克力。如果用鸡蛋比喻的话，那地幔就像是蛋清。地幔是介于地壳和地核之间的圈层，厚度约为2900千米，体积约占地球的82.3%，质量约占地球的67.8%。地幔由上地幔和下地幔构成，上地幔位于地壳以下一直到地下670千米深处，温度较低。上地幔的下方是温度较高的下地幔，位于地下670～2900千米处。

（三）地核

穿过地幔就是地核，地核是地球的中心圈层，位于2900千米以下直到地心。如果还用鸡蛋来比喻的话，地核就像是蛋黄了。地核是由液态的外核和固态的内核两部分组成。其中，外核深度2900～5100千米，内核深度约为5100千米以下至地心。现在，探测器可以遨游太阳系外层空间，但对我们脚下的地球内部却爱莫能助。目前，世界上最深的钻孔能到达的也不过是12千米，连地壳都没有穿透。科学家们只能通过研究地震波、地磁波和火山爆发来认识地球内部的秘密。

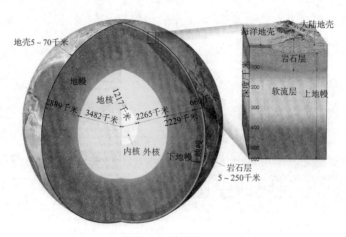

地球内部结构示意图

三、遨游地球的表面

同学们在结束了"地心之旅"之后，再遨游丰富多彩的地球表面，你会发现，在漫长的地质演化进程中，地球表面的岩石并不是完整的一块，而是由大小不等、形态各异的板块彼此镶嵌而成。地壳基本可以分为六大板块，即太平洋板块、印度洋板块、亚欧板块、非洲板块、美洲板块和南极洲板块。在这六大

全球板块构造运动示意图

板块中，只有太平洋板块几乎全在海洋里，其余的板块均包括大陆和海洋，板块与板块之间的边界线是海岭、海沟、大的褶皱山脉和大断裂带。每个大的板块又可以分为小的板块，如阿拉伯板块、菲律宾海板块等。这些板块都漂浮在软流层之上，处于不断的运动之中。

那么，地球表面为什么会"分家"呢？早在1910年，德国科学家阿尔弗雷德·罗萨尔·魏格纳发现，南美洲的东海岸看起来和非洲的西海岸能完美地对接起来，就像一个大型锯齿的两边！如果那两块大陆能很好地对接起来，那它们是如何漂离得这么远呢？魏格纳凭着研究气象学和极地科学的科学家

大陆漂移学说的创始人
阿尔弗雷德·罗萨尔·
魏格纳（德国）

国际著名地球物理
学家勒皮雄（法国）

国际著名地球物理
学家摩根（美国）

素质，潜心研究和考察，于 1912 年提出了"大陆漂移学说"。他认为，过去所有的大陆都是连成一片的，称为"泛大陆"，形成于 3 亿年前。从中生代开始，泛大陆开始解体分裂，每块大陆朝着它现在的位置移动，直至移到今天的位置。20 世纪 60 年代，美国科学家赫斯提出了"海底扩张学说"，认为是海底扩张引起了地壳的运动。1968 年，法国的科学家勒皮雄和美国的科学家摩根又提出了"板块构造学说"，这是在"大陆漂移学说"和"海底扩张学说"的基础上提出的。这个学说认为，这些板块都是彼此相对运动的，运动的推动力是地幔对流，从而科学地回答了地球板块形成的原因。

第二节　地震诞生记

人们欣赏那漫天飞舞的雪花，也喜欢那宝贵如油的春雨，这些都是一种自然现象。而让大地颤抖的地震也是一种自然现象，所不同的是，由于地震具有突发性和破坏性，人们往往"谈震色变"。在人类文明的历史长河里，人类一直都在探索地震发生的原因，随着科学技术的进步，人类进入了使用仪器观测和研究地震的时代。

一、地震的成因

那么，什么是地震呢？地震又是怎样发生的呢？现代科学证实，地震的发生与地球运动密切相关，是地球内部能量释放的一种形式。常因为大的地震经常给社会带来沉重灾难，造成生命财产损失，所以科学家们锲而不舍地探究地震发生的规律，对地震的认识也越来越深入。

中国古代传说中的"大鳌鱼"

（一）什么是地震

关于地震，自古以来就流传着众多传说。在很久很久以前科学技术不发达的年代，人们将地震的发生归因于神灵的力量。在中国古代，民间流传着地下有一条大鳌鱼，它一直驮着大地，时间久了，大鳌鱼就要翻一翻身，于是大地就会颤动起来，鳌鱼翻身就是地震了。日本古历书上也有关于"地震虫"的描述。1710年，日本有书谈及鲶鱼与地震的关系时，认为大鲶鱼卧伏在地底下，背覆着日本的国土，当鲶鱼发怒时，就将尾巴和鳍动一动，于是造成了地震。世界上各民族有关地震的神话、传说数不胜数。这些地震传说为人类不断探索地震的发生起到了积极影响。

古希腊科学家泰勒斯
认为地震是浮托大地的水
在做某种运动时引起的

同学们注意啦，现代科学家给我们敲黑板了哦：由于地球板块之间在不断运动和变化，板块岩层中逐渐积累了巨大的能量，当岩层承受的地应力（地应力是指在各种地壳作用影响下，地壳中所产生的应力。这个名词很深奥，总之就是岩层中的一种内力）太大，岩层不能承受时，就会发生突然、快速破裂或错动，岩层破裂或错动时会产生出一种向四周传播的地震波，地震波传到地面就会引起地面的震动，这就是地震。

张衡和候风地动仪

张衡纪念邮票

张衡（公元78～139年），我国东汉时期伟大的科学家，早在公元132年，就发明了世界上第一台测定地震方位的仪器——候风地动仪，安置在都城洛阳。它以精铜铸造而成，圆径达八尺，外形像个酒樽，酒樽外对应着八个方位，每个方位上均有一条口含铜珠的龙，每条龙的下方都蹲着一只蟾蜍与其对应。蟾蜍昂头张口，哪一方如有地震发生，该方向龙口所含铜珠即落入其下方的蟾蜍口中，由此便可知道地震发生的方向。

起初，满朝文武都不相信这台地动仪能够有这样的神通，直到138年3月1日（东汉永和三年二月初三日），

候风地动仪

地动仪朝向西北方向的龙口突然张开，铜珠滚落，掉进了下面的蟾蜍口中，测知洛阳以西发生地震。但由于洛阳没有感到震动，所以很多人议论纷纷，说这台仪器不准。几天后，信使飞马来报，距离洛阳以西500多千米的陇西（甘肃东南部）发生了大地震（震级约为6.5级），这才使朝廷内外"皆服其妙"。在事实面前，大家都不得不惊叹候风地动仪的灵验，佩服张衡的科学发明。

（二）地震发生的元凶

已故的地球物理学家傅承义曾说："有地震必有断层。"这就好比一张纸，原来没有裂口，要捅破它需要较大的力量；但如果边缘有裂缝，同学们只要用很小的力就能把它撕开。

那么，什么是断层呢？活动断层又是什么呢？断层是地壳岩层因受力达到

一定强度而破裂，并沿破裂面有明显相对移动的构造，其中 1 万年以来有活动的断层被称为活动断层。地震活动断层是指曾发生和可能再次发生地震的活动断层，例如，2008 年的汶川 8.0 级特大地震就是龙门山断层活动引起的。在那次地震中，仅仅 1 分 35 秒，地球表面就形成了一条长度约 300 千米、深度约 20 千米的大断裂，其中 200 多千米裸露地表，最大垂直错动达 6 米，形成了映秀—北川断裂带。断裂带所经之处，无坚不摧，发生了大量的滑坡、山崩、泥石流等地质灾害，造成了严重的房屋倒塌和人员伤亡。

中国是一个活断层分布广泛的国家。既然活动断层是地震发生的元凶，那么科学家们在人口和财富高度集中的城市开展活动断层探测，就可使城市新建的重要设施、生命线工程、居民住宅等尽可能避开活动断层，还可以让已建在活动断层上的重要设施尽早采取防范措施，从而有效防御地震灾害风险。

二、地震的家族

同学们是否知道，地震是一个大家族，家族里的成员包括天然地震、诱发地震和人工地震，而且三大地震家族之中，还有它们的"子子孙孙"。我们常说的地震是指天然地震家族中的构造地震。

(一) 天然地震

天然地震是指地球内部活动引发的地震，是地震家族中的大户，主要包括构造地震、火山地震和陷落地震。我们常说的地震其实就是构造地震，是构造活动引发的地震，世界上 85% ~ 90% 的地震以及造成重大灾害的地震都属于构造地震。1976 年的唐山 7.8 级大地震和 2008 年的汶川 8.0 级特大地震都是构造地震。目

陷落地震示意图

前，记录到的最大构造地震的震级为 1960 年 5 月 22 日的智利 9.6 级特大地震。

火山地震是指火山活动引发的地震。这类地震仅占全球地震总数的 7% 左右。同学们不要以为我国没有火山地震，其实在我国的吉林和黑龙江等地，历

史上都曾有过火山活动的记载哦。目前，我国已经对吉林长白山、黑龙江五大连池等地区加强了地震监测。

陷落地震是指由于地下岩层陷落引起的地震。这类地震主要发生在石灰岩等易溶岩分布的地区，仅占地震总数的3%左右。它对生产和生态的破坏也是不可忽视的。例如，1981年1月在广西玉林县南口乡的局部地区曾有居民听到当时地下发出隆隆声，不久就发生了陷落地震，而且几天内接连塌陷了200多处，许多房屋和农田遭到破坏。

（二）诱发地震

诱发地震主要是指人类活动引发的地震，在地震家族中排行老二，主要包括矿山诱发地震和水库诱发地震。在各种诱发地震中，水库诱发地震的震例最多，灾害相对最重；其次是矿山诱发地震。矿山诱发地震是指矿山开采诱发的

矿山开采、水库蓄水诱发地震示意图

地震；水库诱发地震是指水库蓄水或水位变化弱化了介质结构面的抗剪强度，使原来处于稳定状态的结构面失稳而引发的地震。全世界已知有100多个水库蓄水后诱发了地震，其中我国就有几十个。1962年3月19日发生在广东新丰江水库的6.1级地震，导致混凝土大坝产生了382米长的裂缝，是我国震级最大、最具典型性的水库诱发地震。但同学们也不要担心，不是所有的水库都能诱发破坏性地震，库容大小、蓄水深度和库区的地质条件都是影响水库诱发地震是否发生以及大小的重要因素。

（三）人工地震

人工地震是指由于核爆炸、爆破等人为活动引起的地震，一般不会造成损害，在地震家族中排行老三，也可以说是地震家族中的"外

地下核试验引起地震

人工地震示意图

来户"。在地下核爆炸、修建公路、铁路、水库、机场和城市建设中，人们经常进行爆破作业，有时会形成人工地震，进行城市活断层探测，大量采用了浅层人工地震方法，取得了较好的效果。

三、地震的档案

同学们，前面我们了解了地震的成因、地震家族的分类，这只是认识地震的一部分。下面让我们再通过了解地震的"个人档案"信息，来把它了解个透彻吧！

(一) 地震的身份证

地震家族成员这么多，如果地震来了，我们该怎么描述、区分它们呢？那么我们就得给每个地震家族成员办一个"身份证"，主要包括地震发生的时间、地点、震源深度和震级"四要素"，即什么时间、在哪个地方、发生了多大的地震、震源的深度有多深，也叫作地震基本参数。时间就是地震发生的时刻；地点也叫作震中，是震源在地面上的投影，经常用地名来表示，也会用经、纬度来表示；震源深度就是震源垂直向上到达地表的距离。震级就是地震大小的相对量度；以2017年四川九寨沟7.0级大地震为例，发震时刻是2017年8月8日21时19分46秒；震中位于四川省北部阿坝州九寨沟县，北纬33.20°，东经103.82°；震源深度20千米；震级为7.0级。

(二) 捣蛋两兄弟——P兄与S弟

前面我们提到了地震波，那么地震波究竟是什么？它的能量有多大呢？下面我们来一探究竟吧。地震波是地震时从震源发出的，在地球内部和沿地球表面传播的波。地震波是目前我们所知道的唯一一种能够穿透地球内部的波。别看地震波看不见、摸不着，但当它一旦抵达地面时，将会给我们带来一场惊恐的颠簸和晃动。我们可以通过一个实验来更好地理解什么是地震波：我们站在湖边往湖里扔一块小石头，在石头接触到水面的一刹那，激起的水波就会向四周传播。这种传播方式有点类似于地震波的传播方式。

那么，地震波是怎么传送到地面的呢？回答这个问题离不开捣蛋两兄弟：P兄和S弟。

P兄：P波，也叫纵波，是指振动方向和传播方向一致的波，"P"表示"最初"的意思，你怎么感受它？就是感觉在地面上下跳动。纵波身手敏捷，上下弹跳得很快，在地球内部传播速度高达每秒5500～7000米，这可比飞机快多了。纵波传出的声音听起来就像我们乘坐的高速列车驶过时的声音，但是它携带的能量不大，所以给我们造成的破坏也不是很大。当地震来临时，人们首先有一种上下颠簸的感觉，这是纵波到达的信号，要冷静迅速地做出就近避震的选择。

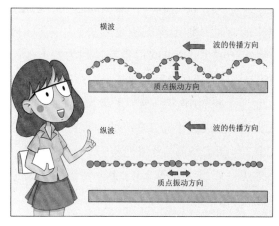

纵波与横波示意图

S弟：S波，也叫横波，是指振动方向与传播方向垂直的波，"S"表示"第二"的意思。这种类型的波是以波浪的形式通过岩层的。起伏的形态就像我们玩跳大绳用力地攥着绳子上下甩动绳子运动的样子。横波比纵波慢多了，它在地壳中的传播速度为每秒3200～4000米。当横波穿过地球时，如果遇到地球内部构造不连续的界面，这时候还会发生折射或反射现象，并使其振动方向发生偏振，由于各种波列的叠加使得它的能量大增，从而造成很多建筑物破坏。

综上所述，地震纵波引起地面上下颠簸振动，而地震横波则引起地面的水平晃动。由于地震纵波在地球内部传播速度大于地震横波，所以地震时纵波总是先期到达地表，而横波往往落后一步。因此，发生较大的近震时，人们往往先感到上下颠簸，接着才感到很强的晃动。横波能量巨大，能让人站立不稳，还能让建筑物产生剪切变形，所以它是建筑物的第一"杀手"，比纵波厉害多了。

（三）衡量地震大小的尺子——震级和烈度

同学们经常在电视里看到某地发生了几级地震，震中烈度是多少；听到父母在购买商品房或修建房屋时了解房屋按几度进行抗震设防。这都是为什么呢？下面就麻溜地给大家捋清楚！

震级就是通常所说的某某地发生几级地震，它是指地震大小的相对量度，和地震释放的能量多少有关，能量越大，震级就越大。它是用地震仪记录的地震波的振幅计算出来的，是一种定量的确定方法，用阿拉伯数字和"级"来表示。一般来说，震级等于或大于 8.0 级的地震被称为特大地震，如 2008 年汶川 8.0 级特大地震、2011 年日本 9.0 级特大地震；震级等于或大于 7.0 级、小于 8.0 级的地震被称为大地震，如 2010 年玉树 7.1 级大地震、2017 年九寨沟 7.0 级大地震；震级等于或大于 5.0 级，小于 7.0 级的地震被称为中等地震，如 2014 年鲁甸 6.5 级地震、2017 年新疆精河 6.6 级地震；震级等于或大于 3.0 级，小于 5.0 级的地震被称为小地震；震级大于等于 1.0 级、小于 3.0 级的地震被称为微震；小于 1.0 级的地震被称为极微震。

地震烈度是指地震引起的地面震动及其影响的强弱程度，简称烈度。地震烈度表示地震造成地面及房屋等建筑物的破坏程度，也是表示破坏力大小的一种方式。目前，我国使用 GB/T 17742—2008《中国地震烈度表》，系统地规定了地震烈度评定指标和评定方法，并将地震烈度分为 12 度。

一次地震只有一个震级，但对地表所产生的烈度则不尽相同。一般而言，震级越大，烈度就越高。同一次地震，距离震中远近不同的地方的烈度也不一样：离震中越近，地震烈度越高；离震中越远，地震烈度也就越低。同学们可以拿家里的电灯打个比方，一个电灯只有一个瓦数（比如 60 瓦），这个瓦数就相当于地震的震级，亮度则相当于烈度。一个灯泡的亮度，与瓦数有关，同时还与你离电灯的远近有关。另外，震源深度不同，地震烈度也不同；对同样大小的地震，震源越浅，它所产生的破坏力就越大，地震烈度就越高。确定一个地震的不同烈度，可以使新建房屋抗震设计更加科学。

地震云真的存在吗？

　　近年来，随着地震活动的频繁发生，网络上常常流传着一些奇形怪状的云图，并配着这样的文字："这就是地震云，要留意了，发现这种云便预示有地震要发生。"这让不少人困惑甚至产生了恐慌，那么地震云真的存在吗？根据云的形状真的可以预测地震吗？

　　相信"地震云"就是地震的前兆，在古今中外由来已久。近现代首位提出"地震云"概念的并不是地震学家，而是一位日本政治家，即日本福冈市前市长键田忠三郎，他在经历日本福冈1956年的7.0级大地震时，看到天空中有一种非常奇特的云，而且之后只要这种云出现，总有地震相伴，所以称其为"地震云"。在我国，主要流传于20世纪80年代，特别是1976年唐山大地震给国人造成极大的恐惧心理，举国上下都期盼着能找到一种预测地震的方法，因此"地震云"才逐渐得以传播。

　　事实上，所谓的"地震云"并不存在，也并非一个科学意义上的概念。网络上流传的那些云图其实与高空气流活动有关，大多为中高层的高积云或卷层云，是再正常不过的自然现象了，与地震没有必然联系，更没有证据表明云彩可以用于预测地震。

第三节　地震来了会形成灾害吗

　　前边我们讲过，地震是一种自然现象，本身并不等同于地震灾害，就像下雨不等于水灾、刮风不等于风灾一样。事实上，绝大多数小地震和发生在陆地上人迹罕至及远离陆地的大洋海底没有引发海啸的大地震，还有那些发生在地球大陆深部数百千米的大地震，一般都不会给人类造成灾害。但是，当它达到一定的强度，发生在人类生活的地方，建筑物不足够坚固的情况下，就会造成地震灾害。熟悉地震和地震灾害的关系，了解地震灾害的特点，有助于我们防范地震灾害风险。

一、地震灾害有哪些特点

据统计，中华人民共和国成立以来，我国各类自然灾害造成的死亡人数约为 65 万人，其中地震死亡人数高达 36 万人，占各类自然灾害造成的死亡人数的 55%，比其他各类灾害造成的死亡人数总和还要多。在地震、海啸、洪水、龙卷风、台风、旱灾等 18 大自然灾害中，地震灾害以其突发性强、破坏性大、波及范围广、灾情复杂等特点而位居群灾之首。

（一）突发性强

地震孕育的时间非常漫长，但是我们能够感觉到的地震震动的时间却特别短，一般仅持续几秒到几十秒。地震在长时间孕育过程中所聚集的能量都在短时间内突然释放，因此威力巨大，足以使一座城市变成一片废墟。多次震例表明，由于地震突发性强，人们没有足够的反应和逃离时间，所以才会造成严重的人员伤亡。同学们有所不知，历史上各种自然灾害曾毁灭了世界各地 52 座城市，其中因地震毁灭的城市就有 27 座，如 1906 年美国旧金山发生的 8.0 级特大地震、1923 年日本东京发生的 8.0 级特大地震、1976 年唐山发生的 7.8 级大地震等，都造成当时的旧金山、东京、唐山等大城市的毁灭。

（二）破坏性大

强烈地震经常会造成人员伤亡和全部或部分建筑物倒塌，铁路、公路、桥梁、通信、供水、供电设施遭到破坏；有时还会引起地下水源重新分布，造成部分水井无水；食品生产经营企业被震毁，食物资源被埋或被污染；震区排水系统也会被破坏，废墟、垃圾、粪便、污物堆积，蚊蝇滋生，鼠患严重，人们生存环境急剧恶化。如 1976 年 7 月 28 日在唐山发生的 7.8 级大地震，106 万人口的唐山市在一瞬间就造成 24 万余人死亡，16 万人伤残，7000 余户断门断炊。城市供水、供电、交通、通信断绝，食品生产经营系统和卫生防疫、食品卫生监督检测机构瘫痪。

（三）波及范围广

地震发生时，不仅震中地区遭破坏严重，而且地震波及范围也是非常大的。

一次较大地震，可波及震中周围数十千米或一二百千米范围。波及范围与震源深度和震级密切相关。在震级相同的情况下，震源深度越深，有感范围越大，但震害波及的范围就越小；在震源深度相同的情况下，震级越高，波及范围就越大。2008 年汶川发生的 8.0 级特大地震，震源深度 14 千米，是新中国成立以来破坏性最强、波及范围最广的一次地震，除黑龙江、吉林和新疆外，我国绝大多数地区均有不同程度的震感，甚至连东南亚的越南、泰国、菲律宾以及东亚的日本等国家也有震感。

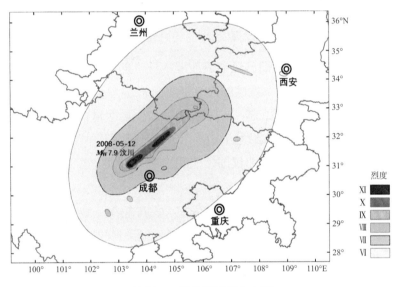

汶川 8.0 级地震烈度分布图

(四) 灾情复杂

地震灾害的种类很多，震后原生灾害、次生灾害和衍生灾害往往接踵而来，极易形成复杂的灾害链。在一定的条件下，地震的原生灾害常引发火灾、水灾、滑坡、泥石流以及有毒有害气体泄漏等次生灾害，可能造成数倍于原生灾害的严重损失。这是由地理位置、地震构造等决定的。例如，2008 年的汶川 8.0 级特大地震引起的次生灾害要比 1976 年唐山大地震大得多，因为唐山大地震发生在平原地区，汶川特大地震发生在山区，因此次生灾害、地质灾害的种类不太一样。汶川特大地震引发的破坏性比较大的原因是崩塌、滚石、滑坡等，比唐山大地震的次生地质灾害要严重得多。另外，四川的水也比较多，地震造成我国 2000 多座水库出现险情，其中四川境内占到七成多，灾区共形成了 34 个大大小小的堰塞湖，随时威胁着下游人民的生命财产安全，从而加重了抗震救灾的难度。

二、地震一定会造成灾害吗

地震作为一种客观存在的自然现象，有它自身的规律，我们必须树立生态文明理念，科学认识地震形成的规律，按自然规律办事，做到趋利避害，学会与地震风险共处，才能实现有震无灾的梦想。

(一) 地震本身不是灾害

通过前面的学习，同学们已经知道地震本身不是灾害，地震形成灾害的前提与地震的震级、震源深度、发生的地方密切相关。

从地震的震级来说，震级越小，地震释放的能量就越少，就未必会形成地震灾害。据统计，全球每年大约发生 500 余万次地震，其中绝大多数是小地震，同学们大多感觉不到，只有专业仪器才能测出来。所以地震本身不是灾害，只是地球活动的一种表现形式。

从地震的震源深度来说，发生地震的震源深度越深，地震波的能量到达地表的就越少，就越不容易形成灾害。目前世界上记录到的最深的地震是 1963 年发生在印度尼西亚伊里安查亚省北部海域的 5.8 级地震，震源深度达 768 千米。我国的深源地震主要分布在吉林省的延吉、安图、珲春和黑龙江省的穆棱、东宁一带，震源深度一般为 400 ~ 600 千米。例如，2002 年 6 月 29 日发生在吉林省汪清县的 7.2 级大地震，造成东北全境和华北部分地区较大范围有感，但由于震源深度达到 540 千米，所以对当地居民没有造成任何影响。

从地震发生的地方来说，如果地震发生在人烟罕至的地区，也不会造成人员伤亡和大的经济损失。例如，2001 年 11 月 14 日，青海、新疆交界的昆仑山口西发生 8.1 级特大地震，尽管这次地震的震级很大，但由于发生在可可西里无人区，所以没有造成人员伤亡和较大的财产损失。

(二) 大震未必有大灾

前边讲到，我们生活的地球上每年都会发生 500 余万次大大小小的地震，其中

7.0 级以上大地震有十多次。那么，这十多次大地震都会造成巨大地震灾害吗？未必！只要我们尊重自然、顺应自然规律，即使发生了大震，也未必形成大灾。

对于防震减灾来说，所谓尊重自然、顺应自然规律，就是要"地下搞清楚，地上搞结实"。"地下搞清楚"，是要搞清楚我们的脚下是否存在着砂土液化现象，因为含水的砂土在地震波晃动下会变得像流沙一样流动，产生的震动是硬地基的好几倍。新疆乌恰县旧城多次遭到地震破坏，直到 1985 年再次遭到 7.4 级大地震重创后，人们通过查找原因才发现乌恰县旧城是建在松软的古河床上。"地下搞清楚"了，为了尊重自然，人们把县城迁到了距旧城 5 千米外地基稳定的地方重建，在 1996 年 6.4 级地震时，乌恰县城安然无恙。同时还要查清地下活动断层的分布，使我们的家乡建设避开活动断层这个地震的"元凶"。"地上搞结实"就是要顺应自然，按照国家标准 GB 18306—2015《中国地震动参数区划图》给出的建筑物抗震设防标准，让大人把我们的学校和家乡的房屋建结实，达到"小震不坏、中震可修、大震不倒"的目标。

（三）灾害是不设防的结果

在地震灾害学中有这样一句话："杀人的不是地震，而是建筑。"意思是说，地震本身不是灾害，地震造成的人员伤亡主要是建筑物的倒塌造成的。据统计，在地震中 95% 的人员伤亡是因房屋倒塌造成的。因此，提高建筑物的抗震能力，是实现有震无灾的根本性措施。

1976 年 7 月 28 日，唐山发生的 7.8 级大地震顷刻间将这个百万人口的工业城市夷为一片平地，主要原因是当时的唐山是个基本不设防的城市。2008 年 5 月 12 日的汶川 8.0 级特大地震，北川县城和汶川映秀镇等一些城镇成为一片废墟，主要是极震区抗震设防标准偏低，房屋抗震设防

符合抗震设防标准的建筑物在震后巍然屹立

能力不足，农村民居基本不具备抗御地震灾害的能力。而 2017 年 8 月 8 日，四川九寨沟发生的 7.0 级大地震，其人员伤亡和建筑物损毁程度都远低于同震级

的四川芦山 7.0 级大地震。"高震级低死亡"现象的一个主要原因是，汶川 8.0 级特大地震以来，四川省政府对于房屋建筑抗震设防标准的要求非常严格，还通过立法来确保基础设施建设质量。

灾难降临是不幸的，但面对灾难束手无策是更大的不幸。汶川 8.0 级特大地震发生时，其实有很多同学是可以避免伤害的，但由于同学们缺乏防震避险的意识，被当时的情况吓呆了。有的同学离教室门口仅一步之遥，但不知道跑出去；有的同学不知道如何躲避，被埋在了废墟下面；还有的同学在疏散过程中，不知道避开危险物而被砸死或击伤。如此等等，可见缺乏必要的防震意识和避险知识，也是造成灾害的一个重要因素。

小贴士 **地震的另一面**

地震不仅破坏我们美丽的家园，还给人类的生存与发展带来很大的灾难。同学们知道吗？地震除了有造成灾害的一面，还有鲜为人知的为人类服务的一面呢。

地震是地球的"安全阀"。地球和其他生物一样，遵循能量最低原理，尽量使自己处在低能稳定状态。当地球内部能量积累到一定"阈值"时，地球就有可能发生爆炸。而地震是地球释放能量的一种主要途径，不断的小震能够及时地释放一些能量，减少了大地震的发生。

地震是人们了解地球奥秘的一盏"明灯"。人们通过测震仪给地球做"CT"，接收地震波，在地球介质中开展纵波、横波的形成和传播特征的研究，从而得到较清晰的地球内部构造和模型。科学家们正是根据地震波的变化获知地球内部物质的层次结构及其界面的。

地震与矿产的关系十分密切。如我国的郯庐地震带，在历史上发生过不少强烈地震，说明它是一条处于活动状态的地震活动带。后来发现，该地震带中的矿产十分丰富，如辽宁鞍山的铁矿、山东招远的原生富金矿、昌乐的蓝宝石矿、蒙阴和寿光的金刚石原生矿、江苏东海的水晶和红宝石等。

由此来说，对地震的认识应一分为二，要辩证地看待地震。只要我们正确地认识和利用地震孕育、发生和地震灾害形成的规律，就能避免灾害，为人类造福。

1.动手与实践

活动1：锻炼同学们的实际动手能力，通过这个游戏让同学们进一步了解泛大陆。

步骤1：找一幅世界地图和一张白纸。

步骤2：在白纸上描出各个大陆的形状（包括马达加斯加岛、印度和阿拉伯半岛）。

步骤3：剪下这些大陆（把亚洲和欧洲连在一起，印度和阿拉伯半岛与亚洲大陆剪开），给这些大陆涂上各种颜色。

步骤4：拼接这些大陆。它可能就是泛大陆的形状，把你拼的"泛大陆"粘在纸上。

思 考：你觉得这些大陆吻合程度怎样?

活动2：模拟地震是怎样发生的。

步骤1：找一个树枝，双手握住树枝的两头。

步骤2：用力向中间挤压，看看树枝是不是弯曲了?

步骤3：用的力再大点，树枝是否"咔嚓"断裂了?

思 考：为什么树枝受力会突然断裂?

2.选择题（多选题）

（1）地震家族成员主要包括哪几类?（ ）

    A.天然地震　　B.诱发地震　　C.人工地震　　D.火山地震

（2）发生地震的开始时间称为发震时间。它和（ ）一起被称为地震的四要素。

    A.地震发生的地点　　B.震源深度　　C.地震持续时间　　D.震级

（3）地震形成灾害的前提与下列哪些因素密切相关?（ ）

    A.震级　　B.发震时间　　C.发震地点　　D.震源深度

    E.建设工程场址　　F.建筑物抗震能力

    G.公众防震减灾意识和能力

第二章 我国深受地震灾害之苦

为什么地震总是对我国那么"情有独钟"呢？回答这个问题，还得从我国特殊的地理位置说起。我国地处欧亚大陆东南部，位于环太平洋地震带和欧亚地震带之间，有些地区本身就是这两个地震带的组成部分。受太平洋板块、印度洋板块和菲律宾海板块的挤压，我国地质构造复杂，断裂带十分发育，地震活动强烈，自古就是一个多地震的国家。自有记载以来，我国8.0级以上的特大地震就发生过19次之多，因此我国是世界上地震灾害最为严重的国家之一，仅1900～2010年，我国每年因地震灾害造成的死亡失踪人数平均4440人左右，占各种自然灾害死亡失踪人数的52.3%，居群灾之首。可以说，地震多、分布广、强度大、灾情重是我国的基本国情之一。

第一节 地震环境无法改变

同学们不论是生长在祖国的北方还是南方，除了关心家乡的自然生态环境之外，还应了解我们脚下的地震地质情况。客观存在的地震地质环境是无法改变的。全国除贵州、浙江两省和香港特别行政区外，都发生过强烈地震，我们该怎么办呢？那就让我们面对现实，学会与地震风险共处吧。

一、特殊的地震构造环境

世事难两全，中国在拥有广袤国土的同时，也承载着这片土地带给我们的地震灾害。地震之所以在我国频繁发生，其实与我国大陆区域构造活动密不可分。也就是说，这种构造格局及构造运动状态将始终存在，给地震的发生提供了先决条件。要弄清这个问题，同学们首先要知道板块运动与地震的关系。

（一）板块边界多地震

前面我们已经提到，全球共分为六大板块，这些板块处于不断运动之中。但对于同学们来说，它们在你们的脚下运动得非常慢，通常情况下，你们毫无感觉。一般来说，板块内部比较稳定，而在板块之间彼此碰撞或张裂，形成了地球表面的基本面貌。在板块张裂的地区，地面张开一个大口子，就形成了海洋或裂谷，如大西洋、东非大裂谷等就是这样形成的。在板块碰撞挤压的地区，地面隆起形成山脉，如喜马拉雅山脉就是亚欧板块和印度洋板块碰撞的结果。地球上的海陆形成和分布，大多是地壳板块运动的结果。

两个板块之间的交界处是地壳运动比较活跃的地带，因此火山、地震也多集中分布在这些地带，也就是我们后面说的地震带。据统计，全球有85%的地震发生在板块边界上，仅有15%的地震与板块边界的关系不那么明显，因此板块的边界更容易发生地震。例如，2010年1月12日，海地发生的7.3级大地震是由于北美和南美板块之间互相作用造成的；2010年2月27日，智利发生的8.8级特大地震，是太平洋板块的纳斯卡板块和南美板块碰撞造成的结果。

（二）世界地震带的分布

快到假期啦，很多爸爸妈妈都计划着带你们出国旅行呢！同学们是不是很兴奋？但大家都准备好了吗？去哪个国家既安全又好玩呢？不妨参考一下"世界火山和地震带分布示意图"吧，看一看哪些是安全地带，哪些有地震带！从地图上来看，全球主要分为三大地震带，分别是环太平洋地震带、欧亚地震带

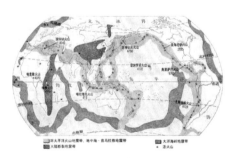

世界火山和地震带分布示意图

（地中海—喜马拉雅山—南亚地震带）和海岭地震带（大洋中脊地震带）。

环太平洋地震带，这可是地震带中的大哥，是世界上最主要的地震带，所释放的地震能量约占全球地震能量的80%！它的块头可大啦！可同学们知道它在哪个地方吗？让我们从西北方向看，它起于阿留申群岛，经千岛群岛、日本

岛、琉球群岛、中国台湾岛、菲律宾群岛至新西兰；东段北起阿拉斯加，经北美、中美、南美西海岸直至安第斯山脉南端。同学们可以和爸爸妈妈一起找一找这些地方哦。由于太平洋板块运动最快，一下子直接从海沟俯冲插入地球的深处，导致板块变形，不断引发地震。这里集中了全世界 80% 以上的浅源地震、90% 的中源地震和几乎所有的深源地震。世界上的主要火山也分布在这条地震带上，又称为环太平洋火山地震带。

欧亚地震带，也叫地中海—喜马拉雅—南亚地震带，是全球第二大地震活动带，就像地震带中的二哥，它和大哥手拉着手，横跨欧亚两洲，并涉及非洲地区。欧亚地震带从地中海北岸起，沿着阿尔卑斯山脉，经亚平宁半岛、中亚至喜马拉雅山脉—南亚地区分布。环太平洋地震带主要分布在陆地和海洋的交界处，而欧亚地震带却在两个陆地板块之间，是由非洲、阿拉伯和印度板块不断向北移动，与亚欧板块发生碰撞而造成的。这条地震带集中了地球上 15% 的地震，主要是浅源地震和中源地震。

小弟海岭地震带分布在太平洋、大西洋、印度洋、北冰洋的海岭（海底山脉），它是全球最长的地震带，延绵 6 万多千米，形状像一只长长的贪吃蛇。作为小弟，它好吃懒做，所以地震活动很少，发生的地震仅占全球地震能量的5%，地震的强度远远小于其他两个地震带。

二、我国地震活动的分布

我国地质构造复杂，地震活动强烈，具有时、空分布不均匀的特点。在时间上具有活跃期和平静期交替出现的特征；在空间上具有强震活动相对集中的特征。台湾地区是我国地震活动最强烈的地区，大陆地区西部的地震活动强度和频度均大于东部。刚刚说到我国处于两个地震带之间，具体来说，我国的地震活动主要分布在八个地震区的 24 条地震带上，这是几十年来全国相关专家集体智慧的结晶。

（一）我国哪些地区属于地震风险区

科学家们经过多年的研究，在全国确定了地震活动的八个区，可以说是地震风险区。那么，我们的家乡属不属于地震风险区呢？同学们别担心，下面就让我们乘上飞机，开启一场空中旅行，去我国八个地震区看一看吧！在这场航程中，同学们不仅可以领略到祖国的大好河山，还能掌握更多的地震知识呢！

我们先从我国的东南角出发，这里就有一个经常发生地震的地方，相信大家有所耳闻，那就是台湾地震区。台湾省位于环太平洋地震带上，所以地震活动非常频繁。截至 2010 年 12 月，在该地震区共记录到 8.0 级特大地震 1 次、7.0 ~ 7.9 级大地震 45 次、6.0 ~ 6.9 级地震 353 次。地震绝大多数分布在台湾东部地震带，少数分布在台湾西部地震带。

穿越台湾海峡，此时我们就来到了华南地震区。从地理位置上来讲，这个地震区主要包括福建、广东两省以及江西、广西临近的一小部分。全区记录到 7.0 ~ 7.9 级大地震 4 次、6.0 ~ 6.9 级地震 29 次。本区可划分为长江中游地震带、华南沿海地震带和右江地震带，地震强度不大，频度也不高。

我们继续向北飞行，就进入了华北地震区，这些地方经济发达，人口集中，大致包括河南、河北、山东、山西、安徽、天津、北京、渤海、朝鲜半岛、黄海的全部及辽宁、宁夏、内蒙古、江苏、浙江等部分地区。华北地震区历史记载悠久，自公元 11 世纪以来共记录到 8.0 ~ 8.5 级特大地震 5 次、7.0 ~ 7.9 级大地震 20 次、6.0 ~ 6.9 级地震 111 次。在我们飞行旅途的八个目的地中，它的地震强度和频度位居全国第二。虽然是第二，但是首都圈位于这个地区内，所以格外引人关注。尤其是它位于我国人口稠密、大城市集中、经济发达的地区，地震带来的危害也就更为严重，1976 年唐山发生的 7.8 级大地震就属于该地震区。

再往东北飞，就到了东北地震区，它包括了我国东北三省、河北北部和内蒙古西北部部分地区。地震活动水平较低，所以同学们不必驻足太久，我们再向西到新疆地震区看看吧。

新疆地震区主要包括天山南北、向西延至哈萨克斯坦和吉尔吉斯斯坦的天山地区，东部包括阿尔泰山脉一带，向东延入蒙古国。这个地震区内记录到 8.0 ~ 8.5 级特大地震 6 次、7.0 ~ 7.9 级大地震 21 次、6.0 ~ 6.9 级地震 101 次，例如，2017 年发生在新疆博尔塔拉州精河县的 6.6 级地震就属于该地震区。但由于地震区许多区域人烟稀少，经济不是很发达，多数地震发生在山区，造成的人员伤亡和财产损失与我国东部的几条地震带相比，要小得多。

接下来就到我国最大的地震区了，2017年发生在四川省北部阿坝州九寨沟县的 7.0 级大地震就在这个地震区内。同学们猜猜看，到底是哪个地震区呢？让我们继续从新疆地震区朝东南飞行，来到我们的青藏地震区。常常发生地震的四川省就位于这个青藏地震区。同学们，这个地震区是地震活动最强烈、大地震频繁发生的区域，共发生过 8.0 级以上特大地震 18 次，7.0 ~ 7.9 级大地震 106 次。处在这个地区的同学们是不是已经对地震习以为常了呢！

最后，我们再到南海海域和东海海域转一转。是的，不只是发生在我国陆地上的地震才会引起人们的重视，南海地震区和东海地震区也备受科学家们的关注哦。南海地震区的地震分布在台湾南和菲律宾一带，尤其是沿着马尼拉海沟断裂与吕宋海槽即吕宋岛西缘断裂、吕宋岛东缘断裂、仁牙因—民都洛断裂成条带状排列。这个地震区内记录到 7.0 ~ 7.9 级大地震 3 次，6.0 ~ 6.9 级地震 11 次，5.0 ~ 5.9 级地震 51 次，1934 年南海 7.6 级大地震就发生在这个地震区。依东海盆地、钓鱼岛隆起新划分出一个东海地震区，东以冲绳海槽为界，南接台湾地震区，北邻朝鲜半岛，西靠长江下游—黄海地震带与华南沿海地震带。这些地方也是会发生地震的哦。该区内记录到 5.0 ~ 5.9 级地震 10 次，2003 年东海 5.7 级地震就发生在这个地震区内。

同学们在飞机上飞了那么一大圈，是不是了解了我国地震活动的八个区啦！那么，同学们可以看看自己的家乡是不是在地震活动的区域内，是在哪个地震区呢？如果是，要及早让大人们把家乡建设成防范地震灾害风险的"韧性"家乡哦。

（二）你的家在地震带上吗

我们刚刚了解了我国地震活动的八个区，现在再说说地震带吧。地震带又是地震区内的次级单元，是地震区内地震集中成带或密集分布的地带。地震带往往是地壳活动比较活跃的地区，地震活动十分频繁，在空间连成带或相对集中。从"中国地震带分布示意图"上可以看出，我国境内纵横交错分布着大大小小的地震带 24 条。

这 24 条地震带分布在八个地震区内，是我国地震专家多年研究的成果。它们依次是台湾西部地震带、台湾东部地震带、长江中游地震带、华南沿海地震带、右江地震带、长江下游—黄海地震带、郯庐地震带、华北平原地震带、汾渭地震带、银川—河套地震带、朝鲜地震带、西昆仑—帕米尔地震带、龙门山地震带、六盘山—祁连山地震带、柴达木—阿尔金地震带、巴颜喀拉山地震带、鲜水河—滇东地震带、喜马拉雅地震带、滇西南地震带、藏中地震带、南天山地震带、中天山地震带、北天山地震带、阿尔泰山地震带。那同学们又问了，地震区和地震带到底什么关系呢？地震带就属于地震区的一分子！比如长江中游地震带、华南沿海地震带和右江地震带就属于华南地震区。

在这众多的地震带中，我们不得不提一条经常捣蛋的地震带了。你如果仔细看"中国地震带分布示意图"就会发现，在大约东经102°～106°间存在着一条近乎纵穿南北的地震密集带，这就是著名的南北地震带。该地震带包括上面提及的龙门山地震带、六盘山—祁连山地震带、鲜水河—滇东地震带等，从

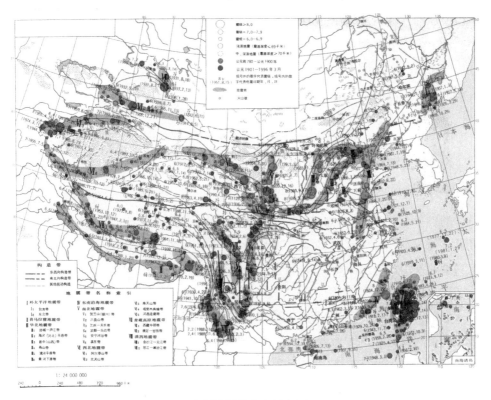

中国地震带分布示意图

我国的宁夏，经甘肃东部、四川西部直至云南，向北可延伸至蒙古境内，向南可到缅甸。2008 年 5 月 12 日汶川 8.0 级特大地震就发生在这一条捣蛋的南北地震带上，另外 2013 年 4 月 20 日芦山 7.0 级大地震、2014 年 8 月 3 日鲁甸 6.5 级地震、2017 年 8 月 8 日九寨沟 7.0 级大地震也都是发生在该地震带上。除此之外，历史上发生大地震的次数也比较多，如 1920 年海原 8.5 级特大地震、1927 年古浪 8.0 级特大地震等，基本上每隔 10 年就会发生一次较大级别的地震。

南北地震带还将我国大陆分为了东西两部分。由于印度板块过于热情地想贴近亚欧板块，导致地震更"偏爱"西部。在东经 107° 以西的西部广大地区，据统计，1949 ~ 1981 年间发生的 27 次 7.0 级以上大震中，在西部发生的约为 20 次，占 74%；东部只有 7 次，占 26%；而 6.0 级地震东部占的比例则更小。1895 ~ 1985 年间，我国大陆地区发生的全部 7.0 级以上地震中，西部占 87%。虽然西部地区地震带好动而调皮，但是因为东部人口、城市的分布高度集中，地震造成的人员伤亡和经济损失会相对更大些。

同学们，处在地震带上并不可怕，可怕的是地震在你毫无准备的时候给你致命一击。所以，最重要的还是提高我们的防震意识，提高建筑物的抗震能力，将这两方面做到位。

小贴士 张衡一号卫星为何要上天看地震？

2018 年 2 月 2 日 15 时 51 分，我国在酒泉卫星发射中心用长征二号丁运载火箭成功将电磁监测试验卫星"张衡一号"发射升空，顺利进入预定轨道，该卫星设计寿命 5 年。那么，"张衡一号"为何要上天"看"地震呢？它能为预报地震做些什么？

以"张衡一号"命名的电磁监测试验卫星，是为了纪念我国东汉时期科学家张衡在地震观测方面的杰出贡献而命名的。通过前面的学习，我们已经知道，张衡早在公元 132 年就发明了候风地动仪，开创了人类监测地震的先河。但 1800 多年过去了，地震预测还一直是人类难以攻克的难题。过去几十年科学家发现，地震发生前，地球岩石的摩擦破裂会产生电磁波，并往大气层传播。另一方面，地壳的运动会切割磁力线，造成磁力线的扭曲。也就是说，一旦发生强烈地震，地球内部的电磁信息就会出现异常。20世纪60年代，苏联科学家分析一颗卫星电磁信号时，发现卫星记录到地震低频电磁辐射前兆现象，称之为"地震电离层效应"。我国在1976年唐山大地震时，也通过地面雷达系统发现了相应

张衡一号卫星

的电离层扰动现象，这给人类探索地震发生的机理带来了一丝"难得的光明"，"张衡一号"正是依据这一原理来设计运行的。同时，跳出地球来"看"地震，还能填补地面地震监测台网在青藏高原和海域的不足，使我国首次具备全疆域和全球三维地球物理场动态监测能力，进一步推进我国立体地震观测体系建设。"张衡一号"在轨运行的5年中，将以标准手段对我国6.0级以上、全球7.0级以上的大地震进行电磁监测，通过大量的数据积累和震例分析，有望找到其中的规律，开辟探索地震监测预测新途径。

第二节　强震始终在威胁着我们

快乐学习、安全成长，是同学们对美好生活的追求，但无论身在何处，同学们必须要有防震减灾的意识，因为多震灾是我国重要的基本国情之一。我们必须客观认识面临强震威胁的国情，努力学习防震减灾知识，用知识守护我们的生命。

一、强震活动，遍布全国

同学们知道吗？据地震专家统计，我国各省、自治区、直辖市都发生过5.0级以上的地震，30个省份都发生过6.0级以上的地震，19个省份发生过7.0级以上的大地震，12个省份发生过8.0级以上的特大地震；平均每年发生5.0级

以上的地震 24 次，6.0 级以上的地震 4 次。这意味着，我国地震活动频次十分高、强度很大、分布也特别广，我们始终面临强烈地震的威胁。

需要大家注意的是，以往没有强震记载的地方，并不意味着以后就不会发生强震。例如，青海和四川省历史上就没有发生 8.0 级特大地震的记载，但在 2001 年青海发生了昆仑山口西 8.1 级特大地震，2008 年四川发生了汶川 8.0 级特大地震。这样的地震活动态势，使得我国的防震减灾工作变得更加复杂。

二、地震强度，东弱西强

从整体上看，我国大陆东部和西部的地震活动存在着显著差异。大致以东经 107° 为界，西部地区的地震活动明显比东部强。西部地区的地震活动强度大、频度高，自 1900 ~ 2010 年以来共记录到 7.0 级以上大地震高达 64 次，其中 8.0 级以上特大地震 8 次，最大震级 8.6 级；而在这同一时期，东部地区只记录到 7.0 级以上浅源地震 8 次，最大震级为 7.8 级。

我国不同区域的地震活动也存在较大差异。东部台湾地区和华北地区是地震活动最为强烈的地区。台湾地区位于环太平洋地震带上，受菲律宾海板块与亚欧板块的相互作用，地震活动频繁而强烈，1900 ~ 2010 年共记录到 7.0 级以上大地震 46 次，其中 8.0 级特大地震 1 次。华北地区为大陆东部地区地震活动最强的地区，近代就发生过 1966 年邢台 7.2 级、1975 年海城 7.3 级和 1976 年唐山 7.8 级大地震，历史上的大地震也很多。华南地区沿海地带是次一级的强震活动带，发生过 4 次 7.0 级以上的大地震，而且往内陆地区变弱。

从震源深度的区域分布来看，我国内陆地区发生的地震多为浅源构造地震，震源深度一般不超过 30 千米，因此造成的破坏很大。而中源地震则主要分布在靠近新疆的帕米尔地区（100 ~ 160 千米）和台湾附近（最深为 120 千米）。深源地震很少，只发生在吉林和黑龙江东部的边境地区，震源深度达 500 ~ 600 千米，这与太平洋板块向西俯冲密切相关。

三、平静期短，活跃期长

我国的强震活动在时间上具有活跃—平静交替出现的特征，而且活跃期长、平静期短，活跃期和平静期的 7.0 级以上大地震年频度比例为 5：1。从整体上看，1900 年以来我国 6.0 级左右的地震活动较为平稳，7.0 级以上的大地震活动起伏明显，平静期往往不足 10 年，活跃期可达 10 年以上；7.5 级以上大地震的起伏变化更加显著，大致在 25 年左右，主要分布在西部地区。

同样，我国东部地区 6.0 级以上地震活动起伏变化比较明显，而且也有显著活跃与平静相互交替转化的现象。平静期较短，往往数十年，而活跃期能达到 100 年左右。在地震相对平静期，地震活动少而且强度弱，在这一时期内一般没有或很少发生 7.0 级以上的大地震，6.0 ~ 6.9 级地震也很少。而在显著活跃期，地震多、强度大，往往发生大量 6.0 级以上的地震，并有若干个 7.0 ~ 7.9 级大地震发生，有些地带还会发生 8.0 级特大地震。

历史和现今的地震资料统计结果表明，不同地震带的地震活动期存在明显差异：华北、华南、青藏高原北部地震区，地震活动期约 300 ~ 400 年；新疆中部和青藏高原中部地震区，地震活动期约 100 年；台湾东部和青藏高原南部地震区，地震活动期约几十年。

由此可见，我国普遍存在着地震活动期比较长的问题，这就意味着，我国的地震形势不容我们乐观，防震减灾的任务长期而繁重，这也要求大家要好好学习防震减灾知识。

第三节　地震灾害是人与自然不和谐的结果

由于我国特殊的地理位置，决定了我国是一个多地震的国家。但是，我们必须清醒地认识到，由于人类的活动不能顺应地震发生的规律，从而加剧了地震灾害的发生，可以说，地震灾害是人与自然不和谐的结果，而目前的现实情况是：

一、农村房屋基本不设防

多次震例表明，房屋倒塌是造成人员伤亡的主要原因。据统计，目前我国农村仍有近 190 亿平方米的农村民居没有达到抗震设防要求，涉及到 5 亿人口左右，其中相当一部分更是处在地震高烈度和地震易发区，"小震大灾、大震巨灾"的现象依然存在。

不设防的农村民居在地震中遭到破坏

为什么我国农村民居不设防现象这么严重呢？其实，还是我们的老旧观念惹的祸！家在农村的同学们都知道，我们的父母、亲戚有了钱，第一件事情就是盖房子。但是，在房屋建造过程中还存在许多错误观念，留下了地震安全隐患。

知道吗？房屋的地基、钢筋、梁、柱及砌体等工程是决定房屋整体抗震性能的关键因素。但是由于部分村民对这些知识接触不多，对抗震设防也缺乏重视，普遍认为只要房屋外观漂亮就行，一味追求高端大气上档次。因此，在建房过程中存在着地基、钢筋等所用材料强度不高、规格尺寸不符合规定和抗震构件短缺等问题。虽然有些同学的父母、亲戚也看到了地震对房屋的破坏，但是因建房习惯和经济等种种因素，仍然不愿投入过多财力去建设合乎抗震设防要求的房屋。所以在选择建筑队时更多考虑的是熟人、价格等方面，很少考虑建筑质量和建设过程的管理。

除了房屋建筑自身外，建房选址也是很重要的。选址不正确，即使房屋设计得再坚固，地震来临时也是白费功夫。地震中由于选址不当导致建筑物倒塌主要表现在两点：一是房屋建在了地震断层上，地震对于这类房屋可以说是无坚不摧；二是由于场地原因出现土地液化、喷砂冒水、滑坡、泥石流等引起的房屋破坏。

监督管理是保证房屋建筑质量的最后一道防线。在我国的大中城市建设中，房屋建筑基本都纳入了建设监督管理程序，一般都需要正规设计、正规施工，工程质量和抗震性能一般都能有保证。但在广大农村地区，房屋建筑游离于建设监督管理程序之外，这一类的房屋建筑未完全或没有执行《建筑抗震设计规范》等建筑抗震设计标准，其抗震防灾的能力就无从谈起了。

欣喜的是，近年来，通过国家财政补贴、工匠培训、示范引领等措施，全国各地已经推进了一大批农村地震安全民居，农村民居不设防的局面有所改变。这些抗震农居经受住了大地震的考验，有效减轻了人员伤亡和财产损失。如2008年汶川8.0级特大地震中，有很多农村民居遭到了严重损坏，而什邡市师古镇宏达新村建造的地震安全农居在地震中屹然挺立，100%保存完好。2016年6月1日，强制性国家标准GB 18306—2015《中国地震动参数区划图》正式实施，取消了不设防区，地震动参数作为工程抗震设防的依据，明确到了乡镇，为广大农村地区抗震设防工作提供了科学依据。目前，全国已建成抗震农居2400多万套，惠及6000余万人，千百年来，我国广大农民的收入水平总体上有了前所未有的大幅度提高，价值观也发生了许多变化，农村不设防的状况正在逐步改变，因灾致贫的现状得到明显改善。广大农民群众建设抗震农居的意识逐步得到提升。

二、城市地震灾害风险高

近年来，随着经济社会的发展，我们居住的城市越来越大了，楼房越盖越高了，立交桥越来越多了，人口和财富越来越集中了，各种生活设施越来越齐全了。城市的快速发展在给我们带来生活方便的同时，也给城市本身带来很多地震灾害风险。

先看看我们城市的建筑吧，可以说到处高楼林立，而且建筑密度越来越高，空间越来越小，这样就会使建筑物的抗震设防、紧急避险和救援的难度加大。唐山大地震后，有一位文学家写到："一座拥有百年历史的城市，只因地球瞬间颤动，就夷为平地。骨肉之躯的创造者，钢筋混凝土的建筑，在自然灾害面前显得那样不堪一击。人类只有在这个时候，才真正感到自己力量的弱小。"这段话形象地描述了大地震对于城市建筑物的破坏是多么触目惊心！城市在地震面前的受灾、致灾因素不断增加，脆弱性、易损性更加突出。这是因为城市生命线工程错综复杂，主要包括供电工程，如变电站、电厂等；供水排水工程，如自来水厂、污水处理厂、供水排水管网等；通信工程，如广播、电视、电讯等；交通工程，如铁路、公路港口、机场等；能源供给工程，如天然气和煤气管网、储气罐、输油管道等。这些设施是我们日常生活的生命线，它就像人体的血管和神经一样重要。但由于生命线工程跨度大、覆盖面广、环节多、结构形式复杂，在遭到大地震时，往往容易受到破坏，形成连锁反应，极易引发火灾、水灾等次生灾害，从而造成更大的损失。

城市发展环境也存在较大的地震灾害风险。例如，随着城市人口迅速增加和工业的发展，现在城市附近的河流一般都建有大大小小的水库，作为居民用水和工业用水的源头。我国已建成水库大坝有 9.8 万座，头顶"一盆水"的城市 179 座，占 25.4%；头顶"一盆水"的县城有 258 座，占 16.7%，且都分布在西南、西北等地震活动强烈地区，地震灾害风险不可估量。我国大多数城市下方都有潜在震源，隐伏着大大小小的地震活动断层，是地震发生的"元凶"。值得庆幸的是，国家正在抓紧进行大城市地震活动断层探测与地震危险性评价工作，活动断层探测成果已经在北京、上海、乌鲁木齐、银川等 82 个城市得到应用，预计到 2020 年左右，有望把国内的大中城市地下地震活动断层查清楚，为城市规划和建设提供科学依据。目前，全国已完成了 200 余个县级以上城市震害预测、地震小区划，服务城乡规划。全国已有 6000 余栋各类建筑和近 350 座桥梁采用了减隔震装置，约占世界的一半，切实提高了工程抗震能力。

三、公众防震减灾意识亚待提高

面对一次又一次惨痛的地震灾难，同学们不禁要问：我们这里会不会发生地震呀？地震来了怎么办？怎样才能有效防范地震灾害风险呢？一次又一次的大地震给我们一个重要启示：有效防范地震灾害风险，不仅需要提高地震监测预报能力、建设工程抗震设防能力这个"硬实力"，更需要提升全社会防震减灾意识、防震避险和自救互救这个"软实力"，两者必须相辅相成，相互促进。

当前，我国社会公众的防震减灾综合素质与地震灾害频繁发生的国情很不相匹配。社会公众的防震减灾意识淡薄，防震减灾知识缺乏，应对地震灾害的准备不足，自救互救能力不强，是当前中国防震减灾工作面临的突出问题。2015 年中国扶贫基金会发布的《中国公众防灾意识与减灾知识基础调查报告》

显示，只有不到 4% 的城市居民做了基本的防灾准备，24.3% 的受访者关注灾害知识；而农村居民中只有 11% 关注灾害应对的相关知识，五成农村居民从未参加过任何灾害应对培训。可见，我国公众防震减灾意识还是很薄弱的，特别是农村地震应急知识普及力度不够、家庭日常应急准备不足等现象还是普遍存在的。

造成这种局面的原因是多方面的，一是在防震减灾的思想意识上，普遍有一种对地震预报的认识误区和依赖，总是认为地震专家应该在地震发生前给大家打声招呼，好让大家及时撤离，其实地震预报仍然是一项世界性的科学难题，即使地震预报了，如果房子达不到抗震设防标准，同样会造成灾害。二是虽然大家可能参加过一些防震减灾活动，但大都走马观花，没有认真对待，缺乏正确的防震减灾意识，仅仅停留在对其表面的认识而忽略了防震减灾的实质性内容，其结果可想而知。三是在我国经济发展的过程中，有相当长的一个历史阶段对于摆脱贫困、提高基本生活水平的要求高于一切，整个社会的防震减灾意识的提高与经济的发展并不同步，甚至要落后很多。防震减灾意识淡薄、知识缺乏会造成在地震来临时惊慌失措，无法展开有效的自救和互救，甚至会因为混乱造成更严重的次生灾害，由此引发一系列的社会问题。四是近年来一些没有发生过重大地震灾害的地区，特别是在少震、弱震省份，人们往往抱有侥幸心理，认为本地区发生地震灾害的概率很低，所以对于获取防震减灾知识的积极性不高，一旦大震来临，就可能伤亡惨重。

"防灾减灾日"标志

大家知道，日本国土面积仅占世界陆地面积的 0.28%，但发生 6.0 级以上地震的次数是全世界总地震次数的 20%。更为惊奇的是，地震灾害死亡人数只占了 0.3%。能在先天条件如此不足的情况下保持这么低的死亡率，靠的就是日本国民超强的防灾意识。2008 年汶川 8.0 级特大地震后，每年的 5 月 12 日为我国"防灾减灾日"，希望同学们抓住这个有利时机，积极参加各种宣传活动，在实践中学习防震减灾知识，为生命安全奠基。

想一想 练一练

1. 古今中外无数地震告诉我们，地震造成人员伤亡的最主要原因是（　　）。

　　A. 各类建（构）筑物的破坏和倒塌　　　　B. 大地震动

　　C. 地面开裂　　　　　　　　　　　　　　D. 火灾

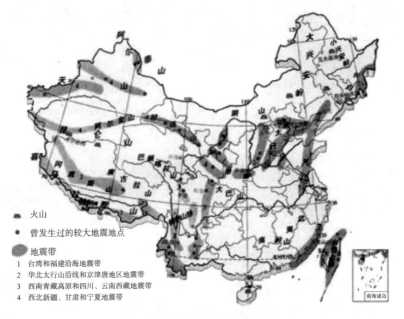

火山

曾发生过的较大地震地点

地震带
1　台湾和福建沿海地震带
2　华北太行山沿线和京津唐地区地震带
3　西南青藏高原和四川、云南西藏地震带
4　西北新疆、甘肃和宁夏地震带

中国地震带分布示意图

2. 看一看"中国地震带分布示意图"，你的家乡是不是在地震带上？如果是，你觉得应该怎么办？

3. 你知道吗？我国哪些地区地震多？

4. 面对多震灾的国情，我们应如何防范地震灾害风险？

第三章　学校是减灾的摇篮

学校作为教书育人的圣地，是每个人成长的摇篮。同学们正处在长身体、学知识的大好时期，要珍惜学校的美好时光，不仅要学好语文、数学、英语等文化课，还要牢固树立"珍爱生命，安全第一"的意识，认真学习防震减灾科学知识，积极参加学校组织的地震应急避险演练，做到人人讲防震、时时讲安全，让地震安全伴随你健康成长。

第一节　上好安全教育第一课

每年的 9 月，是一年一度的开学季。沐浴着清晨的阳光，同学们哼着小曲，怀着对新学期的美好憧憬与向往，又重新走进了校园。新学期安全教育依然最重要，因为安全不仅是我们快乐学习生活的前提，更关系到同学们一生的生命安全。因此，我们必须上好"安全教育"第一课，用知识守护生命。

一、学校是地震安全重点区

同学们是祖国的未来、民族的希望，地震安全关乎到同学们的生命安危，涉及到千家万户的幸福。把学校作为地震安全的重点，建成最安全、让家长最放心的地方，是全社会的神圣职责。

在日本、美国等许多发达国家，学校都是地震时社会公众的临时避难所，发生地震时人们都会到学校避难！而我国的学校为什么会成为地震的重灾区呢？除了地震的震源浅、烈度高、破坏性大等因素外，还与学校建在不当的位置、学校的校舍抗震设防标准低密切相关。近年来，随着国家对学校地震安全工作越来越重视，新建、改建和扩建的学校，建筑工程质量显著提高。但是，由于一些地方没有开展地震活动断层探测和地震小区划工作，我们还不知道学校是否建在地震活动断层上。有的学校建在土质松软的山脚下或者山坡上，还有的建在河岸、水库下游的泄洪区和地面沉降的地带，这些地方一旦遭遇地震，很容易受到滑坡和泥石流等次生灾害的影响。还有学校的一些老旧校舍没有进行抗震加固，这些都是地震安全的隐患。把学校建成最安全的地方，必须从学校科学选址和建设工程的抗震设防基础抓起。

学校是人员密集、建筑集中的地区。学校学生少则几百人、多则几千人，同学们的年龄不同，对地震灾害的心理承受能力、应急反应能力也不尽相同。一旦发生地震，有的盲目避震，造成混乱疏散；有的发生拥挤，造成踩踏事故。防范学校的地震灾害风险，做好学校的常态化减灾工作，我们的各级教育、科技、地震等有关部门，应充分发挥职能作用，按照"预防为主"的方针，及时消除学校地震安全隐患。一方面要按照国家规定提高学校建设工程的抗震设防标准，做好学校的常态减灾工作，实现地震应急疏散演练常态化；另一方面在学校安全教育中增加地震安全教育的内容，为广大师生在地震安全教育中的角色进行定位，提升师生参与地震安全教育的积极性，从而有效保护师生们的人身安全。

作为学校的一名成员，同学们要发扬主人翁精神，为建设地震安全校园，贡献自己的一份力量。

二、学生是安全教育的重点

中小学生具有接受能力强、但不具有完全行为能力的特点。多次震例表明，在地震灾害面前，中小学生是易受地震伤害的弱势群体，主要是由于中小学生缺乏防震减灾常识，在地震面前惊慌失措，心理承受能力和自我防御能力不强。据统计，地震伤亡人员中有三分之二以上是中小学生。惨痛的教训使我们深刻认识到，学生是地震安全教育的重点。

在日本，每年的9月1日是开学日，也是"全国防灾日"，"避险训练"是"开学第一课"的重要内容；在我国香港，从幼儿园直到大学，在"开学第一课"上，教职人员也会告知学生，遭遇地震、水灾、火灾该如何避险；2008年四川汶川 8.0 级特大地震后，我国也将安全教育放在"开学第一课"，并把防震减灾知识纳入公共安全教育的内容。学校遵循学生身心发展规律，把握学生认知特点，坚持专门课程与在其他学科教学中的渗透相结合；课堂教育与实践活动相结合；知识教育与强化管理、培养习惯相结合；学校教育与家庭、社会教育相结合；国家统一要求与地方结合实际积极探索相结合；自救自护与力所能及地帮助他人相结合，分阶段、分模块循序渐进地进行地震安全教育。地震部门的专家也会来到学校，给同学们讲解防震减灾知识，放映防震减灾的科教片，引导同学们科学避震。同学们千万不要认为地震离我们很远，其实地震作为一种自然现象，随时随地都会发生。因此，我们要认真学好"安全第一课"的防震减灾内容，在倾听、讨论和地震应急避险演练实践中收获防震减灾知识，将来一旦遇到地震，就会沉着冷静应对，保护生命。

三、让地震安全永远伴随你

同学们，前面我们讲过，我国是一个多地震的国家，地震作为一种自然现象，目前人类还无法预报，但我们必须学会与地震风险共处，做到科学减灾、有效避灾，让地震安全永远伴随着你。

据地震科学家统计分析，我国基本上每隔 10 年左右就会有一次较大级别的地震发生。特别是在地震预报还没过关的情况下，没有发生过地震的地方，不等于就不会发生地震，而且我们不知道在哪一天、在什么地方就会遭遇到地震。但是，同学们也不要过于担忧，因为只要我们学习掌握了防震减灾知识，无论是在学校、在家里，还是外出旅游时，如果遇到地震，你的生命就多了一个地震安全的"保护伞"。

2004 年 12 月 26 日，印度尼西亚附近海域发生特大地震并引发了大海啸。由于许多人缺乏防灾避险常识，造成了数十万人死亡，其中大部分是中小学生。相反，具有这方面的知识，情况就大不相同了。一个随父母在泰国普吉岛度假的英国 10 岁的小女孩蒂莉，利用在课堂上学到的有关地震引发海啸的最初情形的知识，立即通知父母和游客赶紧撤离，挽救了 100 多人的生命。

生命无价，安全是福。培养防震减灾意识，提高灾害应对能力，最好的办法就是从平常生活入手。比如我们家里应准备一个应急包，放在家里最方便拿到的地方。别看这个小小的应急包，关键时刻却会发挥大作用。要帮助大人合理摆放室内的家具，以防地震时倾倒伤人。清理门口的杂物，便于地震时快速从家里撤离。制定一个家庭地震应急预案，开展一分钟的家庭紧急避险演练，能很好地检验家庭成员的应急避险能力。准备一个家庭成员联络卡，在震后救援中，便于及时寻找家人。

常言说得好："有备无患，居安思危。"同学们千万不要认为这些都是小事，也许将生活中的这些小事认真做好了，地震安全就会伴随你一生。

准备"一包"和"一卡"

为了应对地震或其他突发性灾害的来临，同学们平时应该准备一个应急包，以备紧急情况下使用。应急包里主要应备两大类物品：

应急类物品：哨子、手电筒、口罩、便携式收音机、矿泉水、方便食品、雨衣、电池、打火机、卫生纸等。

地震应急包里应备物品

哨子的主要用途是，万一被埋或被困，可以用吹哨子的方式呼救或对外联络，既节省体力，又使声音传播得较远。

地震时，电力供应往往中断，当震后（特别是夜晚发生地震后）转移时，手电筒就会起到很大的作用。

口罩可用于地震造成灰尘或烟雾弥漫的场合，用来阻隔烟尘的熏呛，保护口、鼻和呼吸系统。

在和外界通讯受阻时，通过收音机可以及时收听到关于灾情和救援的情况，以稳定心情。

医药品：止血药、止疼药、止痢药、感冒药、消毒液、急救袋、抗生素、抗破伤风等急救药品，以及消毒酒精、纱布、绷带等。

另外，如果有可能，还应该准备下面这些物品：安全帽、强化手套、硬底鞋、野炊炉具、应急灯、刀或开罐头器、内衣、笔和本、帐篷或睡袋。

佩戴安全帽，可以帮助我们在危险的场合中保护头部。

强化手套因在手套正面涂了一层橡胶层，可以增强手套的强度，在自救和互救扒刨埋压物体时可保护手部。

硬底鞋是在地震现场活动时，保护脚部不被碎玻璃、裸露的钢筋等坚硬的东西伤害。

把这些东西集中收好，并写上联系方式，放在小开间或能够随手拿到的地方。记住要经常更换里面过期的物品。

另外，每个同学都要做一张联络小卡片，上面写上你的家庭住址、父母姓名、联系电话等。如果有一天地震来了，为防止家里人互相找不到，要约定一个联络的方法和团聚的地点，使同学们能及时和老师、家长取得联系，为自身安全提供保障。

学 生 安 全 联 络 卡

学生姓名	性别	出生年月	血型
校名		校址	
学校电话	邮编	班级	班主任姓名
家庭住址		电话	
父亲姓名	所在单位	电话	
母亲姓名	所在单位	电话	
监护人姓名	所在单位	电话	
联络地址			

学生安全联络卡

第二节 打造地震安全校园

每天早晨，伴随着灿烂的朝阳，倾听着清脆的鸟叫，同学们高高兴兴地来到校园，开始了快乐学习。然而，在同学们不知不觉的情况下，也许地震就瞬间发生了，使许多美丽的校园变成一片废墟。这绝不是闹着玩的，而是汶川、玉树地震的真实写照。因此，打造地震安全校园，已成为全社会的共识和行动。

一、校舍安全最重要

学校的教学楼、宿舍、图书室、办公楼等，是老师和同学们在校期间学习、生活和活动的地方，人员密集，一旦发生破坏性地震，后果将不堪设想。因此，学校的建筑质量关系到师生们的生命安全，涉及到千家万户的幸福，意义重大。

在汶川 8.0 级特大地震中，许多建筑物震毁倒塌，有些地方几乎被夷为平地，造成的伤亡人数令人震惊。然而仍有一些教学楼屹立不倒，经受住了大地震的考验，如四川安县桑枣中学的教学楼本身是危楼，校长叶志平下决心花 40 万元将造价才 16 万元的"豆腐渣"教学楼，进行了彻底的抗震加固，消除了安全隐患，全校 2200 多名学生、上百名教师在特大地震中毫发无损，被网民称为"史上最牛的校长"。家长们由此认为，人的生命高于一切，升学率再高也不如学生的生命安全重要。一句话道出了建设地震安全校园的真谛。

在总结汶川特大地震经验教训的基础上，2008 年 12 月 27 日，第十一届全国人大常务委员会第六次会议修订的《中华人民共和国防震减灾法》明确规定，对学校、医院等人员密集场所的建筑工程，应当按照高于当地房屋建筑的抗震设防要求进行设计和施工，采取有效措施，增强抗震设防能力；已经建成的，未采取抗震设防措施或者抗震设防措施未达到抗震设防要求的，应当按照国家有关规定进行抗震性能鉴定，并采取必要的加固措施。2009 年，国务院决定启动全国中小学校舍安全工程，对地震重点监视防御区、7 度以上地震高烈度区等地震灾害易发地区的各级各类城乡中小学存在安全隐患的校舍进行抗震加固、迁移避险，提高综合防灾能力，使学校校舍达到重点设防类抗震设防标准，并符合其他防灾避险安全要求；其他地区按抗震加固、综合防灾要求，集中重建整体出现险情的危房，改造加固局部出现险情的校舍，消除安全隐患。目前，全国已加固中小学校舍近 3.5 亿平方米。有了学校这个坚固的安全保护伞，同学们在学校就可以安心学习各种知识，将来成为国家的栋梁之材啦。

二、防震减灾知识进课堂

防震减灾知识进课堂，是打造地震安全校园的重要组成部分。同学们要充分利用社会和学校开展的"防震减灾知识进课堂"活动，集中精力学习防震减灾知识，用知识守护我们的生命。

防震减灾知识进课堂的主要目的是强化"地震安全生命教育"。同学们作为受教育的对象，一定要好好学习地震避险知识，聆听老师讲解有关地震大小和远近、地震烈度、地震震感的识别方法，熟悉地震预警与警报信号、震时避险及震后疏散方法等。课堂教学形式也可灵活多变，可开设专题课或纳入安全课堂教学中，也可

学习防震减灾知识

结合自然、地理课等相关课程进行。同学们要知道，防震减灾知识内容是丰富多彩的，但课堂教学的时间是非常有限的，同学们还可通过课外活动，如办黑板报或墙报，开办讲座，观看展览、影视和录像，网上作业、虚拟互动，举办地震避险主题班会活动等，学习防震减灾知识；也可以通过成立防震减灾知识学习兴趣小组、开展防震减灾手抄报比赛、举办防震减灾知识演讲比赛等方式，扩展课堂学习的内容；积极参加体验活动，如开展地震避险、自救互救演练，在相关训练基地、体验场馆等进行地震避险体验活动，开拓知识视野，激发学习防震减灾知识的兴趣。

总之，同学们要通过课堂教学和社会实践活动，培养互帮互助、勇敢坚强、沉着冷静的品质。要知道，在破坏性地震面前，最好的救援是自救互救。一个人的品质、意志力和心理承受力，往往对于战胜地震灾害起着重要作用。

参观防震减灾科普教育基地

什么是地震预警?

　　地震预警，简单地说就是在强烈地震发生以后，附近的地震监测台站监测到地震，马上发出警报："我这里地震了!"从而使距离地震较远地方的人们在破坏性地震波到达之前采取避险和逃生措施，重大设施和生命线工程及时停止运行，以减少地震次生灾害发生。但是，地震预警是在大地震已经发生之后发出的警报，因而它不是地震预报。

　　地震预警的原理，简单来说就是打"时间差"这张牌，电磁波和地震波赛跑。因为电磁波传播速度（每秒30万千米）要比地震波传播速度（每秒6000多米）快很多。地震预警技术正是利用电磁波比地震波传播快的原理，在震中发生地震后、地震波传到各地之前，给预警目标区提供几秒到几十秒的预警时间。有研究表明，预警提前3秒，伤亡人数可降低14%；提前10秒，伤亡人数可降低39%；提前20秒，伤亡人数可降低63%。

　　目前，我们国家正在建设"地震烈度速报与预警工程"，该工程计划于2022年全部建成。学校作为人员密集场所，将建立地震预警服务终端，同学们要熟悉地震预警信号，迅速采取避震和逃生措施。

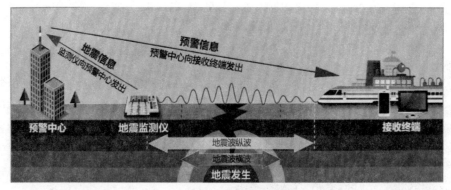

地震预警示意图

三、应急避险演练常态化

有一种说法是，学校是教会学生生存的地方。同学们不仅要掌握丰富的文化知识，还要掌握地震避险技能，使自己快乐、安全地成长。

汶川特大地震后，许多学校的地震避险演练实现了常态化，每学期甚至每月都会开展一次。地震避险演练又分为"震时避险演练"和"震后疏散演练"，是近似于实战的综合性训练，也是地震应急培训的高级阶段，一般结合地震避险知识教育，课间、课外等活动进行安排。地震避险演练方案的编制，应结合学生年龄、体能，并设定上课、课间、夜间（寄宿学校）等情景。震时避险演练包括躲避地点选择、姿势动作、撤离中行走方法和摔倒的处置、以班级为单位的躲避、以年级或楼层为单位的撤离等；震后疏散演练包括以年级或楼层为单位的疏散及全校的集中疏散演练。特别提醒同学们，平时也要记住自己所在年级和楼层疏散的顺序和路线，在每天上学、放学的时候，要自觉地按照设定的疏散路线行走，作为地震避险的一种经常性练习，养成习惯，地震来时才能更快、更安全地疏散。

在地震避险演练时，同学们一定要以严肃的心态去对待，而不是当成一种游戏。演练结束后，同学们可以一起讨论一下，看看哪些地方做得不够好、不熟练，从而把地震避险演练做得更具有实战性。

 **小贴士　××学校的地震应急演练预案**

三声短促铃声表明发生地震，同学们立即开始演练，首先要进行的是应急避震。

1. 同学们一定要保持镇定，切莫惊慌失措，应尽快保护好自己的头部。千万不要慌忙逃离房屋。

2. 在教室的同学，如果教室是平房或者一楼、二楼的话，房外开阔，无危险坠落物掉落，可迅速跑到房外。如果教室在三楼、四楼或者更高楼层，应就近避震，采用蹲下或卧倒的方式，使身体尽量蜷在一起，躲在课桌下（旁）或墙角，远离窗户。

在课桌旁蹲下时的躲避姿势：将一个胳膊弯起来保护眼睛，以避免被碎玻璃击中，另一只手用力抓紧桌腿，防止地震时移动；在墙角躲避时，要用书包或其他保护物罩住头部，如身边没东西，则双手抱头躲避，来保护颈部和头部。

卧倒时，可采取以下姿势：脸朝下，两只胳膊相交在前额的位置，右手正握左臂，左手反握右臂，前额枕在手臂上，闭上眼睛和嘴，用鼻子呼吸。

3. 在走廊上的同学，也应该立即选择有利的安全地点，就近躲避，卧倒或蹲下，双手保护好头部，远离窗户。

4. 在室外的同学，应双手抱头，跑到空旷的地带，避开电线和建筑物，防止被砸伤。

一声长铃声，代表主震已经结束。主震结束后，为防止较大余震的发生，同学们应按照指定的路线立即进行有序疏散，疏散到地面坚实、平坦、远离高大建筑物的开阔地，一般为学校的操场。整个疏散过程要在 1.5 ～ 2 分钟内完成，时间越短越好。

四、争做防震减灾知识的宣传员

同学们在前面已经学到，地震的发生是一种自然现象，是不以人们的意志为转移的。提高全民的防震减灾科学素质，学校和同学们是一个有效的载体，而且可以延伸到全社会。

面对地震灾害的风险，我们还需要克服许多困难。一方面，我们抵御自然灾害的能力还很有限；另一方面，一些落后的传统观念，比如听天由命、消极无奈，甚至封建迷信的思想，还在一部分人的头脑中存在，防震减灾意识还很薄弱。这就要求同学们不仅要自己学习和掌握防震减灾知识，还要向我们周围的人宣传，让更多的人了解防震减灾知识，并参与到防震减灾工作中去。所以，我们要努力做一名出色的防震减灾知识宣传员。

平时同学们之间、家庭成员之间，以及走亲访友、假期旅游期间等，要把在学校学到的防震减灾知识与大家交流、分享，可以起到很好的宣传效果。每年的"5·12"全国防灾减灾日、"7·28"唐山大地震纪念日、《中华人民共和国防震减灾法》实施纪念日、国际减灾日、全国科普日和科技活动周期间，很多单位也都会举办各种宣传活动，这正是宣传防震减灾知识的大好时机。同学们一定不要错失良机，积极参加防震减灾知识宣传，争当防震减灾宣传的志愿者，把防震减灾知识传播给更多的人。比如自己动手，将学到的防震减灾知识制作成手抄报、黑板报，向人们展示；还可以帮忙分发宣传材料，解读大家的疑惑等。通过我们的宣传行动，使地震安全教育真正起到"教育一个学生，带动一个家庭，影响整个社会"的作用。

第三节　牢记震时避险原则

2017 年 5 月，中华人民共和国国家标准 GB/T 33735—2017《中小学校地震避险指南》发布实施。该标准结合学校的特点，吸纳了汶川、芦山等多次地震的避险经验，总结出一些有效的地震避险方法。这些地震避险方法是保命的秘诀，同学们不仅要记住，还要积极参与到演练中去，从而提高地震避险的能力。

一、记住震时避险的原则

大地震来临时，由于学校各种建筑物的结构和新旧程度各不相同，室内外的环境千差万别，个人的体能也不一样，因此，震时避险的方法也不可能千篇一律，同学们要记住一些基本原则，灵活运用。

（一）因地制宜，不要一定之规

我国是地震灾害严重的国家，人们在地震血的教训中，总结出一些有效的地震避险方法。如唐山大地震后总结出"震时就近躲避，震后迅速疏散"的方法，汶川特大地震总结出"能跑则跑，不能跑则躲"的方法，一些强有感地震总结出"不能跳楼、不能盲目外逃"的方法。这些方法都具有科学性，但是大地震发生时，情况很复杂，究竟采取哪种方法，同学们还是要根据各自的实际情况，因地制宜，迅速做出抉择。

汶川特大地震时，四川北川县第一中学团委书记蹇绍琪和初一（六）班班主任刘宁，正带领 100 多名学生在县委礼堂参加"五四"青年节庆祝会。礼堂突然发疯似的晃动，而且越来越厉害。他俩几乎同时对同学们大喊："地震了，不要乱跑!""快蹲到椅子下面!"话音刚落,礼堂顶部的水泥块大片坠落,但结实的铁椅子给这些身材弱小的学生撑起了"保护伞"。地震过后,他们迅速把学生带到礼堂外面的广场上。可见,地震时因地制宜,及时选择正确的避震方法,会减少很多伤亡。

(二) 行动果断,不要犹豫不决

地震突发性强,从主震发生到结束一般也就几秒到十几秒,躲避能否成功,就在千钧一发之间,容不得你瞻前顾后,犹豫不决。

知己知彼,百战不殆。我国海城、唐山大地震前,曾出现过地光、地声现象。地光有多种颜色,蓝色和白色居多,黄色次之,有像雷电时的闪电或电焊时迸发的火花,有的呈条带闪光,有的如火球成串升起。地光过后就是地声,有的似雷声、炮声、撕布声,有的似拖拉机声、风声等。这是大地震给我们的最后警告,及时采取紧急避险措施,往往能起到"绝处逢生"的效果。但是并不是所有的地震都有地光、地声现象的出现哦!

地震到来后,首先感到的是上下颠簸,震级越大,上下颠簸的幅度也就越大,这种颠簸是P兄(纵波)到来的表现。接着是左右摇晃,这是S弟(横波)到了,它跑得慢。在P兄到来之后、S弟到来之前还有一定的预警时间,这是紧急避险逃生的最后机会。距震中越近这段间隔的时间越短,如果距震中是100千米,预警时间可能有10秒钟左右,同学们可利用这段时间,迅速跑到小开间或相对安全的地方躲避。如果上下跳动很轻微或者只是左右晃动,这就表明是远震,不必惊慌,可以暂时躲避在课桌下(旁),等地震停息后再有序到室外避震,以防更大地震的到来。

时间就是生命。这句话用在避震的行动上最贴切,同学们一定要保持镇静,果断行动,科学避震,就会化险为夷。

(三) 听从指挥,不要擅自行动

《中小学校地震避险指南》规定,当感知强烈震感、特强震感或地震预警终端发出警报信号时,学校各岗位的教职工应按避险预案引导学生避险。因此,当地震发生时,同学们不论是在教室上课,还是在校园里活动,千万不要惊慌，一定要听从校园广播发出的地震预警信号或在老师的指挥下，根据平时疏散演练的程序，采取紧急避险措施，切不可贸然擅自行动，避免因慌乱造成踩踏致伤。

汶川特大地震发生时，四川省崇州市文井江九年制学校的领导们正在办公室开会。突然，办公室剧烈晃动起来，"赶快疏散学生，同学们要有序疏散！"校长挥着手高喊着指挥，全校老师迅速冲向各个教室，惊慌失措的学生很快稳定了下来，在老师们的指挥下，全校223名学生，不到1分钟就全部疏散到操场。特别是在他们安全转移时，面对倒塌的废墟和暴雨，巨大的恐惧让同学们无法招架，同学们眼里流着泪水，手拉着手有序地跟着老师撤离到安全的地方，在雨中度过了一个不眠之夜。同学们在大灾大难面前，展现了听从指挥、勇敢坚强、沉着冷静的优良品质。

二、掌握就近躲避的方法

《中小学校地震避险指南》根据历史地震的经验教训，结合学校建筑物的抗震能力、同学们所处的位置和体能、室外环境等情况，提出了"就近避震"的一些方法。同学们要因地制宜，沉着冷静，灵活采取行动。

（一）是躲还是跑

地震发生了，究竟是躲还是跑？国内外专家学者各持己见。地震时，每个人所处的环境、状况不同，应急避震方法也不可照搬。同学们具体情况要具体对待：是平房还是楼房，地震是发生在白天还是晚上，房子是不是坚固，室内有没有避震空间，你所处的位置离房门远近，室外是否开阔、安全，等等。对于抗震能力弱的建筑物，在平房或楼房

高楼避震方法

的一、二层的学生，可以迅速撤离到室外的安全区域，在三层及以上学生宜就

学校抗震设防要求高于其他建筑

近躲避；对于抗震能力强的建筑物，宜采取就近躲避的方法避险。其实无论是"跑"还是"躲"，同学们一定要瞬间做出决定，千万不要犹豫，以免丧失了避震的最佳时机。汶川特大地震时很多学生都是有逃生机会的，但很多同学都被眼前的场景惊呆了，呆在原地不能动弹，没有采取任何避震措施，错过了最佳避震时机，被掉落的预制板砸中失去了生命。

汶川特大地震后，我们国家特别重视学校的抗震设防，规定学校应当按照高于当地房屋建筑的抗震设防要求进行设计和施工，采取有效措施，增强抗震设防能力。但要使全国所有校舍都达到这样一个抗震设防要求，还需要一个过程。同学们一旦遇到地震，还应该按照学校的地震应急预案去应对。

（二）躲避的方式

大地震发生时，同学们会看到很多平常看不到甚至想象不到的现象，比如地面剧烈运动，建筑物随之大幅度晃动甚至倒塌；空气中弥漫着大量灰尘、灰土；自己的身体也会严重失控、站不稳等。危险时刻，如何做到科学躲避呢？《中小学校地震避险指南》指出，对于抗震能力强的建筑物，宜采取就近躲避的方法避险。

在教室、图书馆，要躲避在书桌旁边或下面，远离窗户。在礼堂、食堂、体育场馆内，躲避在内承重墙的墙根、墙角；稳固的书架、排椅、桌椅、运动器具旁边或下面。在宿舍，躲在小开间内，内承重墙的墙根、墙角，床旁边或下面。在室外，要远离围墙、玻璃幕墙，远离可能倒塌的建筑物和跌落的大型物件等。

特别提醒的是，即使没有老师在场指挥的情况下，同学们也要按照前面讲的躲避方法避震。破坏性地震过程十分短暂，强烈的晃动时间一般只有十几秒钟到一两分钟左右，如果能坚持熬过这一两分钟，就有生存的希望哦。

（三）躲避的姿势

细节决定成败。地震时也同样适用，因为同学们仅仅掌握了躲避的方法还不够，还要注意躲避的姿势。多次地震表明，即使房屋不倒，如果躲避的姿势不当，往往会被室内的坠落物砸伤。

经历了 1556 年陕西华县 8 级特大地震的明朝进士秦可大，在《地震记》中记录了避震的"卒然闻变，不可疾出，伏而待定，纵有覆巢，可冀完卵"的经验。意思是说地震发生时，在室内不要往外奔逃，找一个能保护自己的地方趴下，即使房屋倒塌了，人的生命也能得到保护。其中"伏而待定"为避震时采取的姿势。那么，什么是"伏而待定"呢？一位亲身经历过 1920 年宁夏海原 8.5 级特大地震的老人曾向人们介绍："在屋内感到地震时，要迅速趴在炕沿下，脸朝下，头靠山墙，两只胳膊在胸前相交，右手正握左臂，左手反握右臂，鼻梁上方两眼之间的凹部枕在臂

室内避震方式

上，闭上眼、嘴，用鼻子呼吸，既可避免砸死，又不会窒息。"

那么，在 21 世纪的今天，我们应采取怎样的避震姿势呢?《中小学校地震避险指南》为我们描述了肢体动作：蹲下，蜷曲身体，降低身体重心，缩小面积，额头置于膝盖间，双手保护头部；在排椅、床旁，趴下，伏而待定；如排椅等的长度小于身高，可在其旁蜷紧身体，头部尽可能贴近膝盖，双手抱头，面朝下伏在地面上，或侧卧躺下；拿书本或书包等物品护住头部，用手帕、湿巾等物品捂住口、鼻。同学们可反复练习，遇到地震时就会应用自如哦。

三、明确撤离时的要求

汶川特大地震学校房屋倒塌时间调查表明，由于我国建筑物质量的提升，房屋倒塌的时间比唐山大地震时要长，由几秒、十几秒延长到几十秒，甚至更长，为震时撤离赢得了宝贵时间。《中小学校地震避险指南》审时度势，首次明确了"震时撤离"方法，同学们要抓住这宝贵的时间，迅速撤离，避免房屋倒塌对我们造成伤害。

（一）按预案快速行动

地震应急预案是在地震发生前预先制定的，是应对地震灾害发生时和发生后紧急避险、抢险救灾的计划或方案。地震应急预案通常对人员的职责分工、平时的准备和震时的紧急处置等内容进行计划或规定，并对如何启动应急响应进行规范。

学校地震应急预案，是根据本校的地理位置、周边环境、老师和学生人数、校园内建筑物分布等实际情况制定的。内容通常包括地震发生时的应急响应、教师的职责分工、班级的撤离顺序、学生的疏散路线等，并在教室、实验室、宿舍、楼道、操场等场所设有应急疏散路线指示标识。

地震时情况十分复杂，按预案快速行动就是要求同学们沉着冷静，按照平时演练时的动作，快速有序地按预案指定的疏散路线，跑向预案划定的安全地带。任何惊慌失措、麻痹大意、优柔寡断都会将生存的希望丧失在几秒钟之内。为了我们的生命安全，同学们一定要认真学习、掌握预案规定的内容，积极参加应急疏散演练，一旦发生地震，真正使"震时撤离"成为我们生存的最大可能。

（二）不整队但顺次有序

这里讲的"不整队"，是基于"震时撤离"的实际情况提出来的，目的是为同学们快速撤离赢得时间。但是，"不整队"的前提可不是乱七八糟、乱挤乱拥，而是必须做到"顺次有序"。所谓"顺次有序"，就是要求同学们按照预案，前后门同时出动，依先后顺次，快步跟进，不拥挤、不推搡、不奔跑，尽快离开教室，疏散到安全的地方。

同学们应该知道，惊慌失措地乱挤乱拥，是地震逃生的大忌。有序地撤离看起来好像慢一点，但实际上要快得多。否则，单纯图快，欲速则不达，弄不好还会酿成踩踏的大祸。例如，1995 年山东省苍山县发生 5.2 级地震，学生们撤离时因拥挤、踩踏，造成了 320 人受伤。而在汶川 8.0 级特大地震中，四川省彭州市通济镇中心小学五年级（二）班学生利加勇，是一个镇定、坚强的女孩，地震来临的那一刻，她正坐在三楼的教室里上课。眼看着教学楼剧烈地晃动，墙壁上的石灰开始脱落，窗户的碎玻璃也砸了下来，老师迅速组织学生下楼。同学们因为害怕，前呼后拥，一片混乱，身为体育委员的她大声喊道："大家不要挤，按顺序下楼!"她这么大声一喊，大家立马在慌乱中镇静了下来，后面的同学不再推拥，前面的同学加快脚步，有的同学搀扶着身弱的同学，很快来到了操场。利加勇指挥大家排好队蹲在地上，而此时一些同学被眼前的场景吓坏了，有的尖叫，有的失声痛哭，可利加勇一滴眼泪也没流，稚气的眼中闪动着坚毅的目光。她一边亲切安慰身边惊慌不已的同学，叫他们不要害怕，一边还给他们讲笑话，缓解同学们的心理恐惧，使同学们的情绪逐渐稳定下来。直到夜幕降临，她妈妈来接她时告诉她爸爸在地震中去世了，她才终于忍不住与妈妈抱在一起痛哭起来。利加勇同学临危不惧引导大家有序撤离的行动，受到师生们的广泛称赞。

（三）快速行走但不狂奔

快速行走，也可以说是"小步快跑"，这样既避免因狂奔碰撞或摔倒，造成拥挤或踩踏，影响撤离的效率，同时也符合我们平时快步下楼梯的习惯，是震时快速撤离的经验总结。

汶川特大地震发生的那一刻，四川省绵竹东汽技工学校汉旺校区的许念华老师正带着两个学生在办公室里拿学习资料。突然楼房开始剧烈晃动，她开始站立不稳，东倒西歪，意识到大地震发生了。楼房摇晃发出的嘎嘎响声，学生们发出的尖叫声汇成一片，眼前是惊恐、慌乱、拥挤不堪的景象，学生们在过道里无序地狂奔……在这最危险的时刻，她站在最容易出问题的楼梯口，大声地呼喊着："大家不能慌乱，一定快步走楼梯，不拥挤，要顺次有序地跑下去，否则，谁也逃不出去!"由于这位女教师镇定自如的组织和指挥，楼里的几百名师生绝大多数逃离了出来，躲过了因教室坍塌造成的一场灾难。然而，许念华老师为了保护同学们的生命却不幸遇难，令人十分痛心。

（四）避开室内悬挂物

教室里的吊顶、吊灯及书架在地震中都有可能成为"隐形杀手"，因为这些物品会借助地震的威力在教室内飞来飞去，一旦砸中人的头部，往往是致命的。

日本地震专家曾有过统计，发生地震时被落下物砸死的人超过被压死的人。可见震时撤离，最好的方法是要将书包或书本顶在头上，避开吊扇、吊灯

在窗户的玻璃上贴上防震胶带

等室内悬挂物，迅速采取自救行为或逃离现场，就有可能避免伤亡。

平时，同学们在老师的带领下，从"防震准备"做起，要帮老师把桌椅摆放得与窗户和外墙保持一定距离，以免地震时外墙倒塌伤人；避开室内悬挂物，留出一定的通道，便于地震时紧急撤离；把年少体弱或有残疾的同学安排在方便避震或能迅速撤离的地方；加固课桌、讲台，便于藏身避震；检查和加固教室的悬挂物；最好在教室门窗的玻璃上贴上防震胶带，把不必要的悬挂物拿下来，以免落下伤人。

（五）避开室外装饰物

同学们能从教室跑到室外，震时避险就成功了一半。但是，同学们可不要抱有侥幸心理哦！接下来在你走出楼梯口的时候，也许感到的是大地剧烈晃动，眼前灰尘弥漫，四周噼里啪啦作响。为了避免二次伤害，同学们一定要保护好头部，尽快转移到安全的地方。

在地震的作用下，学校建筑物的玻璃碎片、外侧混凝土碎片及墙体上的一些装饰物非常容易掉下来。如果你从教室逃了出来，或原本就在操场或教室外，切记！千万不要靠近这些危险区。在向安全地带转移时，一定要避开高楼玻璃幕墙、围墙、高压线、篮球筐架、树木等，在空旷的地方躲避。可原地蹲下，

最好将书包、书本顶在头上，或用双手保护头部，以免受到伤害。等主震过后，在老师的组织引导下，再转移到指定的安全区域，或到离学校最近的应急避难场所暂避一时，千万不要回到教室，因为余震随时都有可能发生。

第四节　熟知震后疏散方法

同学们，前面一节我们讲述了震时撤离的方法和要求，这一节重点讲述震后疏散的方法。同学们别把"震时撤离"和"震后疏散"搞混了，其实它们是两种不同性质的避险行为，前一种是地震震动过程中的行动，后一种是地震停止后的行动；前者目的是为避险尽量争取时间，避免主震引起的房屋倒塌造成的伤害，后者目的是避免余震造成的伤害。这两种避险方法，都是由学校组织实施，同学们一定要听从指挥，统一行动哦。

一、震后疏散的基本方法

震后疏散的目的是防止余震引起的房屋倒塌造成的伤害，因此，震后疏散应当坚持"有序、安全、快速"的原则。

（一）错开时间，分班级逐次下楼

学校是人员高度集中的场所，有的学校一个楼层有几百名学生，如果在同一时间疏散，势必造成楼道走廊和楼梯口堵塞，给震后快速疏散带来很大的安全隐患。

根据以往震例的经验，为了确保同学们震后"有序、安全、快速"的疏散，《中小学校地震避险指南》给出了"错开时间，分班级逐次下楼"的方法，这是行之有效的。现在各个学校根据要求，结合学校的班级分布和人数，在制定地震应急疏散演练预案时，对各个楼层和班级的疏散时间都做了规划，同学们要通过定期的"实战"演练，做到心中有数，才能将震后疏散变成一种逃生的本能。

"错开时间，分班级逐次下楼"的方法，也是为了防止因同时疏散造成的踩踏事故。一般情况下，当强烈震感停止后，学校启动地震避险预案，发出疏散通知或警报，在岗的教职工用疏导用语引导学生按疏散方案规定的疏散线路和顺序，到达指定的疏散场地。同学们逃生的紧迫心情可以理解，但越是在关键时刻越要冷静，切不可在没有得到地震预警信号或老师疏散指令的情况下，冒然从教室里往外跑。也许你的行动会影响全班的同学，给分班级逐次下楼带来混乱，直接威胁着大家的生命安全。

（二）前后门同时走，顺次有序

在听到地震预警信号或老师疏散的指令后，坐在前几排的同学要迅速走前门，坐在后几排的同学走后门。特别是离前后门最近的同学，应在第一时间打开教室的前后门，前面已经说过，同学们不需要整队，但必须做到顺次有序地走出教室，按预案规定的路线进行疏散。

2012 年 5 月 28 日，唐山市与滦县交界处发生了 4.8 级地震。在地震发生的一瞬间，唐山英才学校的同学们虽然出现了短暂的骚动，但随后全部按照老师的要求，双手抱头，蹲在了桌子下面，震动一停止，马上按照顺序从前后门撤离，2600 多名学生只用了两分钟时间就全部疏散到操场。事实证明，前后门同时走是最安全、最有效的方法。

但是，大地震有时会导致建筑物变形，造成门窗无法打开的情况，从而增大疏散困难。这就要求坐在离前后门最近的同学，在地震发生的时候迅速打开前后门，为大家震后及时撤离创造条件。即使有一个门打不开，同学们也千万不要慌张，要听从老师的指挥，按照前后顺序从开着的门疏散。

（三）快步走楼梯，不应奔跑

楼梯是生命的通道，往往又是最危险的地方。2005 年 11 月 26 日，江西省瑞昌与九江市之间发生 5.7 级地震，湖北省阳新、洪湖、蕲春三地学生在撤离过程中，发生了踩踏事件，共造成 72 人受伤，其中 7 人重伤。距离震中仅 70 千米的阳新县浮屠镇中学，有 47 名学生受伤，其中 1 人伤重，1 人病危。据该校初三（六）班女生董碧枝说，她的教室在三楼，当时她正在上化学课，突然感觉到教室在晃动。不一会儿，有人喊："地震了！"她们班的学生当即慌成一团，往楼下跑。当大家拥挤着下到二楼楼梯间拐角处时，前面的人突然倒成一片，她也被后面的同学压倒，不一会儿就昏迷过去。1994 年 9 月 16 日，台湾海峡南部发生 7.3 级大地震，广东省汕头市潮阳河西镇中田学校学生争先恐后从楼上往楼下跑，在楼梯间相互拥挤和踩踏，造成两名学生死亡。

前面讲过，震后疏散是地震停止后的行动，相对震时撤离危险性要小，所以同学们更需要保持安静，快步过楼梯，快速行走，不要拥挤，就能很快到达学校划定的安全区域。

二、震后疏散应遵循的要求

前面讲述了震后疏散的基本方法，这里重点讲一讲震后疏散应遵从的一些基本要求，目的是让同学们熟悉学校的应急疏散预案，了解老师们在地震时保护学生、引导学生的职责，提升同学们应对突发地震的心理承受能力。

（一）听从疏散老师的引导

《中小学校地震避险指南》规定，震后疏散时学校要安排专人负责维护秩序，在楼梯、拐弯处、楼门口等危险地段要有教职工值守，引导学生疏散。同学们由此可以看出，在危险时刻，老师们一定会出现在同学们身边！

汶川 8.0 级特大地震时，四川省彭州市通济镇中心小学的校长杨川，忽然感到天崩地裂，学校四周的围墙倒塌，他马上意识到地震了！他迅速从办公室冲出来，指挥三位教导主任立即组织师生疏散。灾情就是命令，此时，在办公室的、在教室的、在操场的老师迅速加入疏散学生的行动中。教学大楼的六个拐角处出现了六位老师的刚毅身躯，他们把生的希望留给学生，站在晃动的楼梯口，扶着摇晃的墙壁，在学生们惊慌的尖叫声中，六位老师指挥的声音格外洪亮："同学们，别怕，像往常一样跑，老师和你们在一起！"由于老师们镇静自如的引导，同学们听从指挥，全校千余名师生快速疏散到操场上，无一人伤亡。可见，危急时刻，听从老师的引导、有秩序向外撤离是多么重要啊。

（二）迅速到达预案划分的区域

根据学校的地震应急预案，一般将学校的操场划为应急避难场所。各班同学从教室疏散到操场后，要迅速跑到预案划分的区域，立即原地蹲下，保护头部，以防余震发生造成伤害。同学们要保持安静，自觉维护秩序，听从老师的指挥。有的同学惊魂未定，如出现情绪波动或者痛哭现象，同学们要互相安慰和鼓励。

等到各班级疏散到达操场后，要以班级为单位，配合班主任或老师立即清点人数，如发现少了人数，同学们千万不要擅自返回原处寻找，应立即报告班主任或老师，由班主任或老师向学校领导汇报后，组织老师营救。如果在疏散过程中有的同学不幸受伤，应立即报告老师，并进行现场处置。

（三）没有老师命令不要离开场地

大地震发生后，原来美丽的校园可能满目疮痍，一片狼藉。即使没有倒塌的教学楼，也很可能成了危房，而且面临着余震的威胁。在这种情况下，学校要对建筑物采取临时封闭措施，在没有经过专家鉴定的情况下，同学们千万不能擅自返回教室哦！

在疏散场地内滞留超过 1 个小时，学校一般会安排地震知识、灾害心理调节、安全教育等活动，目的是转移同学们的注意力，缓解恐惧心理压力。同学们要调整好心态，做自己心灵的按摩师，认真学习防震减灾知识，学会坦然面对灾难。

如果在这里停留超过 1 天，学校老师会告知家长或联系家长来接同学们。对于住校生和一时无法与家长取得联系的学生，学校会安置食宿，或安排专人送同学们回家。因此，同学们要听从老师的安排，没有老师的命令千万不要离开场地。

小贴士　牢记地震应急避难场所标志

我国是一个自然灾害频发的国家，一旦发生重大灾难，大量被疏散人员要有相应的空间进行就近安置，并且给予最基本的生活和物资保障。因此，建立应急避难场所是应对灾害的重要措施，也是我们的"生命保护伞"。

地震应急避难场所是指为应对地震等突发事件，经规划、建设，具有应急避难的生活服务设施，可供居民紧急疏散、临时生活的安全场所。按照要求，应急避难场所要离住宅区近一些，一般都建在公园、绿地、广场和空地、大型体育场、学校操场等处。同学们平时要了解这些应急避难场所的位置，留心学校和家的周围都有哪些应急避难场所，熟悉从学校或家到应急避难场所最近的路线。

在避难场所里有救灾帐篷、简易活动房屋、医疗救护和卫生防疫设施、应急供水、应急供电、应急垃圾及污水处理设施等。有的应急避难场所，为改善避难人员生活条件，在基本设施的基础上增设了配套设施，包括应急消防、应急物资储备、应急指挥管理设施等。有的应急避难场所，还增设了应急停车场、应急停机坪、应急洗浴设施、应急通信和应急功能介绍等。

应急避难场所标识

为了让人们了解地震应急避难场所及其内部设施的位置，便于人们识别和寻找，在应急避难场所以及相关的应急设施、设备和周边道路都设置了明显的指示标识。同学们要学会看懂应急标识，一旦地震发生，可以及时到应急避难场所避难和寻求帮助。

地震应急避难场所方向、距离指示标识

应急避难场所安全通道、安全楼梯指示标识

 想一想 练一练

1. 活动：对学校的环境进行地震安全检查。

步骤1：调查学校附近的区域和校园，看看哪些设施在地震发生时会出现灾害风险，是什么类型的？

步骤2：同学们之间交流、讨论，提出具体的整改措施和建议。

2. 动手：准备一张 A4 打印纸、一张卡片。

项目1：画一张从你家到应急避难场所最近的路线图。

项目2：做一个"学生安全联络卡"，放在书包里。

3. 思考1：如果发生地震时，你正在上课，该怎么办？

（1）迅速跑出教室　　（2）就近躲避

（3）听从老师指挥　　（4）快步奔向安全的地方

思考2：找出下图中花盆摆放的错误之处。

第四章　地震来了别害怕

同学们，前面一章我们重点学习了在学校如何应急避震。其实，在地震预报没过关的情况下，很难说一个人会在什么时间、什么地点，遇上多大的地震。因此，在这一章我们再学习些不同场所的避震方法以及应对地震次生灾害的知识，将来无论身在何处，一旦遇到地震时不惊慌、不害怕，知道如何保护自己，沉着冷静，从容应对，才能避免伤亡哦。

第一节　室内、室外避震别犹豫

室内和室外是同学们日常活动的场所，平时可以随心所欲地进行活动，可一旦遇上突发地震，情况就有所不同啦。室内、室外的环境不同，应急避震的方法也是有所区别的，关键是要因地制宜，行动果断，切忌犹豫不决，失去最佳的避震时间哦。

一、室内避震

同学们，过去在地震逃生时有一句话叫"小震不用跑、大震跑不了"。那么，地震来临时，我们到底是躲还是跑，还要根据同学们所处的室内环境采取行动，这里只能讲一些避震的基本方法。

（一）在平房或一二楼层避震

地震时，如果你住在平房或楼房的一二层，特别是农村的房屋抗震性能不太好的情况下，房外比较开阔，无危险物坠落，可迅速跑到空旷地带。如果房屋晃动得厉害，随时可能倒塌或者有砖块、水泥块等东西噼里啪啦地掉下来，这时就不能盲目往外跑啦！应立即就近躲避到床、桌子等坚固的家具下边或旁边，抓紧桌（床）腿，以防剧烈震动下桌子或床移位，从而失去对自己的庇护。也可紧挨内墙根和坚固的家具旁蹲下，用双臂或坐垫等物保护好头部，用毛巾或衣服捂住口、鼻，以免被砸伤或被烟尘窒息。等地震过后，迅速跑出室内，到开阔的地方暂避，以防余震再次发生哦。

其实，"跑"和"躲"并不矛盾，关键是要跑得及时、躲得科学。汶川特大地震中，某铁路一位扳道工人，地震时正在工作间内休息，距离门口大约两三米远，当地面剧烈晃动时他立即逃生，到门口时已经站立不住了，他又挣扎着爬到5米外的铁轨处，回头一看，工作间已倒塌成废墟。"好险啊！"他庆幸自己躲过了一劫；唐山大地震时，机车车辆厂化验员贾玉萍正在熟睡，突然听到雷声，感到炕在身底下颤动，她马上意识到地震了，一侧身从炕上滚到了炕沿底下，同时叫醒了睡在身边的妹妹，但妹妹动作慢了一点，就被砸死了，而她只是脚受了点轻伤。

（二）在其他楼层避震

同学们，如果你的家住在三楼及以上，一般来说，地震时不应该也不可能选择跑，而是要就近躲避。记住，要迅速远离外墙、门窗和阳台，选择卫生间、储藏室等开间小而不易倒塌的地方躲避。也可以躲在内墙角、墙根、暖气、坚固的家具旁边等易于形成三角空间的地方，抓住牢固的物体，蹲下，应尽量蜷曲身体，降低身体重心，随手抓一个枕头或坐垫保护好头部。要注意千万不能滞留在床上，那会是噩梦的开始。也不能站在房间中央，因为这都是身体最暴露、最不安全的地方。千万不要跳楼，因为跳楼等于自杀。不要使用明火，因为空气中可能会有可燃气体，一遇明火会发生爆炸。千万不要试图离开房间，因为在房间晃动的时候，门窗已变形，无法打开。如果你身手矫健，在能确保自身安全的时候，试着把门或窗户打开一点，这对

卫生间是躲避地震的最好地方

后面的逃生非常重要。离开房间时，如果你能够镇定的话，最好先关好水、电、气等开关和阀门，以免造成次生灾害。

（三）在高楼里避震

近年来，随着经济社会的发展，城镇高层建筑迅速增加，二十几层的住宅楼比比皆是。汶川特大地震后，新建的高层楼房抗震设防标准都有了提高，一般不会坍塌。但是同学们别高兴得太早了，因为对一幢高楼而言，在地震波的作用下，振动幅度随着楼层高度的增加而逐渐增大。这好比你手里拿一根筷子，手拿住的那一端稍微晃动一下，筷子的另一端偏移会更大。同样道理，住在楼层越高的人感觉晃动越强烈些。同学们这时往下跑是白费劲，因为地震十几秒钟就过去了。

最好的办法就是根据大楼摇晃程度，在大楼里采取避震措施。应立即躲入卫生间，因为卫生间（卫浴）大多不是用砖头堆砌的，而是用高强度的材料整体建成的，它比较耐压，更重要的是水箱里面有水，即使被困在里面几天，水箱中的水也可以维持最低的生命所需。当然啦，如果来不及躲入卫生间，也可马上钻到结实的桌子、家具底下，万一有重东西掉下来，也不会直接砸到你。如果你身边有手机的话，最好打开手机微信、微博，搜索并关注地震部门微博、微信公众号，及时了解地震发生的地点、震级和高楼所在位置的地震烈度等信息，来判断自己是否需要离开房间到外面去避难。离开房间时，要走安全楼梯，一般高层的楼房大都有安全楼梯供逃生之用。不要乘电梯逃生，因为地震发生后，电梯一般会自动停止。如果在电梯里知道发生了地震，同学们一定要迅速按下所有的楼层按钮，电梯一停马上离开，以免被困在电梯里或者万一电梯失控，造成伤亡。如果是底层的话，还可以尝试着跳窗逃离，如果是三层以上的话，那么跳窗无疑等于自杀。

寻找小开间或墙角躲避

小贴士 地震发生后发短信比打手机靠谱

2013 年 4 月 20 日，四川省芦山县发生 7.0 级大地震后，部分地区通信受阻，多数网友反映手机打不通，但短信、微博、微信反而工作正常。地震灾区为什么短信、微信比打手机更靠谱呢？据国外相关科技媒体介绍，在一些紧急事件发生时，无线通信服务可能会出现通信高峰。在线路繁忙的情况下，发短信比打手机要更容易和家人朋友联系上，而与语音通话相比，短信、微博、微信占用的通信资源更少，较容易通过地震中狭窄的通信通道，同时多用短信、微信和微博交流也将为更需要语音通话的救援队留下通信资源空间。

综上，原因主要有三点。一是短信传输所需要的信息量少，更容易传出去。二是短信是"异步传输"。也就是说，如果一次发送不成功，短信服务可以重试发送，也许会延迟几十秒，但最终还是可能成功的。而打手机则不同，需要实时连接上才能通话。如果连接上了，意味着这条线路就被你占用了，而繁忙的时候更有可能根本连接不上。三是无线通信商一般用"控制线路"来传输短信，而非"语音线路"。"控制线路"是用来建立和结束一次语音呼叫的，也就是说，即使语音服务繁忙，"控制线路"也可能是畅通的，所以短信传输不易受阻碍。这就好比高速公路大堵车，但你却可以在国道上行驶，畅通无阻。

二、室外避震

同学们每天上学、放学，都会有一段时间身处户外，放假的时候还可能会到野外游玩，享受大自然带给我们的快乐。如果这个时候遇到地震，虽然活动空间大，但周围的情况很复杂，同学们一定要保持镇静，迅速采取避震措施哦。

（一）在户外避震

户外真的很美，不仅有我们最爱的美食可供享受，还有各种各样的活动场地可以放飞我们的心情。如果这个时候遇到地震该怎么办呢？要记住，第一时间要用书包或身边较柔软的物品顶在头上，没有物品时用双手护住头部，迅速到比较空旷的地方抱头蹲下或趴下。等主震过后，迅速躲避到开阔的绿地、广场、体育场、公园、球场等场所，或撤离到离自己最近的应急避难场所，千万不要回到没有倒塌的建筑中，要知道，那里已经不是我们的庇护所啦，因为余震随时都会发生。在躲避过程中，要避开高大建

地震时要尽快双手护头，离开危险的地方

筑物和危险的地方，特别是有玻璃幕墙的楼房、过街桥、立交桥、地下通道、高烟囱、水塔等；避开危险悬挂物，如变压器、电线杆、路灯、广告牌、吊车等；避开其他危险场所，如狭窄的街道、危旧房屋、危墙、女儿墙、高门脸、雨蓬或砖瓦木料等物的堆放处等，危险品仓库、化工厂、储油储气设施也要远离。

同学们出行一般都要乘交通工具，如果在公共汽车上遇到地震，站立的同学要抓牢吊环和扶手，在座位上的同学要抓牢前面座位的靠背，尽量降低重心，躲在座位附近，地震过后再有序下车。如果在坐火车、高铁或地铁时遇到地震，要用手抓牢前排座位的靠背、桌子、卧铺床、扶杆、吊环等，注意行李架上的掉落物，一定要听从乘务员的指挥。如果在骑自行车时遇到地震，千万不能继续骑车赶路，应该马上下车，将车放在不影响交通的地方，避开周围的危险物，蹲下身，用双手护住头部就近避震。如果在室外停车场遇上地震，要伏在车内不要出来，因为车厢顶部对坠落物有遮挡作用。如

公共汽车上要抓牢扶手，以免摔倒或碰伤

在地下停车场遇到地震，来不及撤离，就不要躲在车内，要躲在车子旁边或者两辆车中间的空隙处，注意保护好头部。

（二）在野外避震

如果是在野外遇到地震该怎么办？同学们不要认为在野外没房子就安全了，其实风景如画的背后，地震很有可能引发滑坡、山崩、滚石或河岸、湖岸崩塌，还会发生海啸、垮坝……因此，我们应根据实际情况，避开危险环境。例如，遇到山崩、滑坡时，要向垂直于滚石、滑坡前进的方向跑，切不可顺着滚石、滑坡方向往山下跑；如果来不及跑，也可躲在结实的障碍物下，特别要保护好头部。地震时如果正乘车行驶，应尽快告诉驾驶员，迅速躲开立交桥、陡崖、电线杆等，并尽快选择空旷处立即停车。若地震时自己

要迅速离开山脚，以防山崩、滑坡

正在骑自行车行驶，应迅速下车并转移到安全的场所。地震过后不要独自留在野外。在海边，应警惕地震引发海啸，一旦发现海水急剧下降或上升，不符合正常潮水涨落规律，或者远处的海水形成很高的浪以迅猛的速度接近岸边的时候，应尽快向远离海岸的高处转移，避免海啸的袭击。

第二节　公共场所避震莫惊张

周末啦！放假啦！同学们像放飞的小鸟，情不自禁地欢呼起来。在写完作业的同时，跟随自己的家人，或约上三两好友外出逛街、吃饭、购物。但是，如果这时候遇到地震，该怎么办呢？一定不能慌乱，头脑要冷静，听从现场工作人员的指挥，合理避震，有序疏散。

一、在商场、饭店、图书馆等处避震

除了门口的同学可迅速跑出去外，其他同学宜就近躲避。因为人员慌乱、商品掉落，可能使疏散通道阻塞，此时应选择结实的柜台、商品（如低矮家具等）、柱子旁边、内承重墙的墙根、墙角等处就地蹲下，用身边物品或双手护住头部；也可在通道边蹲下；不要站在高而不稳或摆放重物及易碎品的货架边；不要站在灯具、广告牌等悬挂物下面；不要站在玻璃窗、玻璃门旁。如果处于楼上位置，原则上向一楼转移为好。但楼梯往往是建筑物抗震的薄弱部位，因此，要看准脱险的合适时机。为防余震来临，要尽快撤离。撤离时千万不要一窝蜂地涌向出口，避免踩踏伤亡。要避开人流，避免与人流逆向行进，防止摔倒；随人流而动时，应避免被挤到墙壁或栅栏处。哎呀，这么多的"要"和"不要"，同学们一定要熟记在心哦，这样，一旦发生了地震，大可不必慌慌张张地跑了！

二、在影院、体育场馆、车站等处避震

去看电影、看比赛了，准备出去游玩了，同学们太高兴了！可是，在影院、体育场馆或车站等地方竟然遭遇了地震！别慌，影院、体育场馆及车站的椅子就是天然的避震屏障，而且椅子背彼此相连，具有较强的抗压能力。这些场所一般都采用大跨度的博壳结构屋顶，质量轻，地震时不易坍塌，即使塌下来，重量也不是太大。要朝着没有障碍的通道躲避，屈身蹲下或趴在排椅旁、舞台下，用背包等物品或手保护头部；尽量避开电扇、吊灯等悬挂物。震后在工作人员指挥下有秩序地分路疏散，不要慌乱，更不要乱喊乱叫和拥挤，因为拥挤中不但不能脱离险境，反而可能因跌倒、踩踏、碰撞等受伤。撤离时注意可能掉落的物体。

第二节　应对地震次生灾害要冷静

地震给我们带来的灾难有时真是超乎我们的想象，除了地震本身造成的灾害，因房屋和其他设施的破坏而进一步引起的次生灾害，常常伴随着地震接踵而来，让我们雪上加霜。很多震例表明，地震造成的人员伤亡和财产损失90%以上是由次生灾害引起的。那么，同学们该如何应对次生灾害呢？

一、应对火灾

地震造成燃油燃气管道破裂泄漏是引起火灾的主要原因，也是地震的主要次生灾害之一，往往造成严重的人员伤亡和财产损失。啊，原来比起地震本身，地震后的火灾更可怕！

一旦震后发生火灾，千万别乱跑，更不要到拥挤的地方去。首先要用湿毛巾捂住口、鼻，防止浓烟的熏呛和吸入有毒气体。一时找不到湿毛巾的，可用浸湿的衣物代替；如果火势较大，温度很高，可用淋湿的衣服或棉被裹住身体隔热。万一身上起火，可就地打滚压灭身上的火苗。如果身边有水，可用水浇或者跳入水中扑灭火苗。由于热空气上升的作用，火灾中产生的大量的浓烟将聚集在上层，而地面以上30厘米烟雾较少，因此浓烟中应尽量采取低姿势，逆风匍匐逃离火场。一旦大火阻断撤离路线，则应撤到没有着火的房间里，关门并用湿的被单、衣服等物品将门缝堵死，防止浓烟和火焰进来，然后再发出求救信号或寻找其他生路。相信自己，危急时刻，我们其实是很了不起的。

发生火灾了，要用湿毛巾捂住口、鼻匍匐前进

二、应对水灾

地震引起水库、江湖决堤，或山体崩塌堵塞河道造成水体溢出等，都有可能造成水灾。一旦发生水灾，同学们应立即向山坡、高地、楼顶等高处转移；如果已被大水包围，也不必惊慌，赶紧爬上高墙、大树等暂时避险，等待救援。不可攀爬带电的电线杆、铁塔，不可触摸或接近电线，防止触电。发现高压线

铁塔倾斜或者电线断头下垂时，一定要迅速远离，防止直接触电或因地面"跨步电压"触电。也不要爬到泥坯房的屋顶。

如果附近没有高地和楼房可以躲避，且洪水继续上涨，暂避的地方已难以自保，要尽可能找一些门板、桌椅、木床板、大块的泡沫塑料等能漂浮的物体，做水上转移，千万不要游泳逃生哦。

一旦被洪水包围，要设法尽快与当地政府应急管理部门取得联系，无通信工具时，可制造烟火、用镜子反光、挥动颜色鲜艳的衣物或在听到附近有人时，大声呼救，不断向外界发出求救信号，积极寻求救援。如果时间允许的话，可以在离开房屋漂浮之前，把燃气阀、电源总开关等关掉，吃些含较多热量的食物，如巧克力、糖、甜糕点等，并喝些饮料，以增强体力，准备战斗。同时，收集一些食品、饮用水和发信号用具（如哨子、手电筒、旗帜、鲜艳的床单）、划桨等。如果被卷入洪水中，一定要尽可能抓住固定的物体或木板、树干等能漂浮的东西，寻找机会逃生。

咳咳，敲黑板划重点啦！值得注意的是，地震过后，一定要远离河道，因为即使是那些长期干涸的河道，在震后也有可能迅速被洪水填满，所以不要在那里游玩或进行任何活动。一旦遇上洪水，千万不要顺河道向上或向下跑动，应向河道两边、较高的地方躲避。

三、应对滑坡、泥石流

中国是一个多山的国家，山地、丘陵和高原占全国总面积的三分之二。这些地方在地震的作用下，滑坡和泥石流灾害都有不同程度的发生。

滑坡或泥石流发生前，会有一些异常现象，特别是地震发生在多雨季节的盆地或山区时，同学们应当尤为警惕。你若发现山坡上的树木、电线杆等发生歪斜，房屋墙壁发生裂缝并不断扩大，斜坡地表出现裂缝，斜坡上的池塘水突然漏失，斜坡前缘坡脚处出现浑浊的泉水流出等现象时，都显示出山体斜坡上的岩土体在向下运动，可能马上发生突然的快速滑动。

如果遇到滑坡，切不要顺着滚石滚落的方向逃跑，应该向着山体两侧跑。如果来不及跑离危险地带，也可以躲避在结实、牢固的障碍物旁，要特别注意保护好头部。

如果遇到泥石流，要立刻向与泥石流垂直方向的两边山坡高处爬，切记不要顺沟道向上游或下游跑，也不要爬到泥石流可能直接冲击到的山坡上。万一来不及跑，可抱住树木。

如果在居民点，应迅速离开泥石流沟两侧和低洼地带，撤离到安全地点。千万不要留恋财物，时间就是生命！

无论是泥石流或是山体滑坡，都带有大量的泥沙和岩石，如果躲在车内，很容易被破坏或掩埋。所以，当灾害发生时，千万不能躲在车里，而应该尽快往高处或者垂直于泥石流流动的方向撤离。

四、应对毒气、核泄漏

强烈的地震会对工厂的设备造成一定程度的破坏，使存放有毒有害气体的容器破裂，从而引发有毒有害气体泄漏；或地震引起的大火引燃化工原料后释放出有毒有害气体，从而危及人身安全。听起来很恐怖，但是不要紧，只要我们做好应对就好啦！

如果遇到有害气体泄漏，不要顺着风向跑，而应该赶紧用湿毛巾捂住口、鼻，绕到有害气体的上风方向。

如果地震造成所在屋内燃气泄漏，一定要及时关闭燃气总阀门，防止燃气的继续泄漏，然后开窗通气。注意哦，要先去开最远处的窗户，如卧室窗户，因为有的窗户是金属材料，直接推开会产生火花导致爆炸。禁止使用明火或开启一切电器和灯具，也不能拨打或接听电话，以免发生爆炸。

核电站、核废料埋置区等核设施也可能因为地震造成核物质泄漏。2011年3月11日，日本东北部海域发生9.0级特大地震，造成福岛第一核电站外泄大量的放射性物质，核电站周边的土地难以使用，放射性物质在全球各地扩散。据国家原子能机构网站介绍，在发生核泄漏的状态下，为避免或减少公众可能接受的核辐射剂量，可采取一定的应急防护措施，如隐蔽、撤离、服碘防护、通道控制、食物和饮水控制、去污，以及临时避迁、永久再定居等。也就是说，要尽可能地缩短被照射时间，远离放射源。

如果被暴露在核辐射范围内，同学们要迅速采取自我防护措施：用湿毛巾捂住口、鼻，防止污染的空气进入呼吸道；就近寻找建筑物进行隐蔽，关闭门窗和通风设备，以减少直接的外照射和污染空气的吸入；应立即换一套衣服和鞋帽，把换下来的衣物和鞋子放在密封的塑料袋中，封闭袋口，然后采取全面的淋浴。当污染的空气过去后，迅速打开门窗和通风装置。注意食品安全，未经政府卫生部门认可，不要食用来自污染区的牛奶、蔬菜。如果身体出现恶心、没有食欲、皮肤出现红斑或腹泻等症状，必须立刻就医。如果希望在日常生活中提高自己的防辐射能力，可以食用海带、紫菜等含碘量高的食品。

五、应对海啸

夏天一到，相信很多爸爸妈妈计划带我们去海边游玩，享受阳光沙滩，亲近海水浪花。看着我们在那乖乖地挖沙、玩水，爸爸妈妈也可以安心享受假期。但是，一旦遭遇了海啸就不美啦！海啸是一种破坏力巨大的海浪，因地震、火山爆发等大地活动造成海底到海面的整个水层发生剧烈"抖动"，引起海水剧烈的起伏，形成强大的波浪向前推进，给沿海地带造成巨大的灾害。海啸在深海区域并不危险，当海啸波进入浅海后，由于海水深度变浅，波高突然增大，这种波浪运动所形成的波高可达数十米，并形成"水墙"，冲上陆地，对人类生命和财产造成严重损失。2011 年 3 月 11 日，日本东北部海域发生的 9.0 级特大地震引发了海啸，造成数万人死亡和失踪。

如果在海边时发生了地震，一定要意识到可能会引起海啸。从地震发生到海啸来到陆地会有一段时间，一定要利用这段时间迅速离开海边，立即前往地势较高的地方躲避，并通过电视、广播、微信和微博等媒体密切关注事态发展。如果住在海边的房子里，当听到政府发布海啸警报时应立即切断电源，关闭燃气。

同学们如果不幸落水，一定要尽量抓住木板等漂浮物，避免与其他硬物碰撞；记住，要尽可能使头部浮出海面，不要乱挣扎，不要游泳，保持漂浮状态，这样可以节省体力；海水

地震发生时要尽快远离海边

温度偏低时，不要脱衣服；不要喝海水，因为海水不但不能使人解渴，还会使人产生幻觉，导致精神失常或死亡；要尽可能向其他落水者靠拢，可以抱在一起，减少身体的热量散失，也可以相互安慰，稳定情绪，等待救援；海水退后，露出海底，不要因为好奇而奔向海边。在海啸警报信号解除之前，必须一直停留在安全避难区内哦！

 小贴士 **小学生安全儿歌——遇到地震要冷静**

大地晃，桌椅摇，大震发生房会倒。

遇到地震要冷静，不可慌忙往外跑。

平房低楼室外躲，高楼室内躲避好。

捂住口鼻护住头，蹲在床边或墙角。

不坐电梯走楼梯，千万不可把楼跳。

公共场所守秩序，平时演练很重要。

室外避震到空地，逃生线路要记牢。

被埋废墟别慌张，保存体力不哭闹。

伤口流血先按压，如有外伤要包扎。

听到声音再呼救，相信救援会来到。

 **想一想 练一练**

正误判断题

1.假如发生地震时，你在教室外面，你该怎么做？在正确的做法后面画"√"。

①原地蹲下，等待地震过后，迅速回到教室。　　　（　　）

②原地蹲下，双手保护头部，避开高大建筑物或危险物。（　　）

2. 在商场遭遇地震，你该怎么做？在正确的做法后面画"√"。

　　①沉着冷静，就地蹲下或躲在结实的柜台旁。　　　（　　）

　　②乱喊乱叫。　　　　　　　　　　　　　　　　　（　　）

　　③不顾一切向外跑。　　　　　　　　　　　　　　（　　）

　　④站在吊灯、电扇等悬挂物下面。　　　　　　　　（　　）

3. 下面哪些图的避震姿势是正确的？哪些是错误的？错在哪里？

第五章　地震过后要坚强

《鲁滨逊漂流记》，相信很多同学都看过吧。主人公鲁滨逊面对海上风暴，独自流落荒岛，并没有哭天抹泪、怨天尤人，而是选择了坚强勇敢，最终一次次战胜困难，并用智慧的大脑和勤劳的双手，在岛上创造了属于他的王国。也许，同学们不会经历他那样的磨难，但地震一旦发生，我们想过该如何应对吗？一味的恐惧是毫无意义的，最重要的是鼓起勇气战胜自我、战胜胆怯，树立生存的信心，机智勇敢地进行自救互救，并力所能及地去救助别人，坚强勇敢地面对震后的生活。在全国人民的大力支援下，用自己的双手创造美好的生活，把崭新的家园从废墟中托起。

第一节　主动开展自救

大地震常常会造成房屋等建筑物倒塌。如果同学们不幸被埋压于废墟之中，甚至还可能受了伤，处于危险境地，要像鲁滨逊那样努力克服恐惧心理，坚定求生信心。一方面要保护好自己，努力实施自救；另一方面要保存体力，等待外界救援。

一、保持冷静，设法自救

地震往往来势凶猛，有时候我们还没来得及逃脱，就被埋压在废墟之中，黑暗、恐惧、伤痛甚至死亡瞬间袭来。"信心是力量的源泉"，这个时候，同学们一定要勇敢坚强，发挥聪明才智，想方设法自救哦。

（一）克服恐惧心理

大地震发生的瞬间往往伴随着房倒屋塌，犹如天崩地裂，场面悲惨，容易产生恐惧心理。然而，震后被困，除了必须的自救知识和技能外，最重要的是克服恐惧心理，树立战胜困难的信心。经验表明，在地震中不少遇难者并不是被倒塌的房屋砸伤所致，而是因为精神崩溃，丧失信心，在极度恐惧中乱喊乱叫，自己"杀死"了自己。大喊大叫，必定会吸入大量烟尘，容易造成窒息。正确的做法是不论在多么恶劣的环境中，都始终保持镇静，分析周围环境，寻找出路，等待救援。

2008年汶川特大地震发生后将近两天，北川县曲山小学一年级6岁半的任思雨小朋友被搜救队员发现，她头部斜着向下不能动弹，护在她身上的老师已经没了气息。一块块砖石被移开，救援进行得很艰难，大家都很着急，她不仅没有哭闹，反倒安慰起了救援队员："叔叔，我不怕，你们不要担心！"她还强忍着疼痛，唱起了"两只老虎跑得快，跑得快……"的儿歌。小思雨的坚强勇敢让救援队员深受鼓舞。经过几个小时的努力，困在废墟中50多个小时的小思雨终于获救！

（二）扩大生存空间

地震中不幸被埋压，要主动扩大生存空间，确保呼吸畅通。这是自救的第一步，否则即使没有被砸伤，也容易因窒息而死亡。我们可以试着把手从埋压物中抽出来，挪开压在脸上、胸前的碎砖烂瓦等杂物，清除口、鼻附近的灰土，保持呼吸畅通。一旦闻到煤气及有毒异味或灰尘太大时，要想办法用湿衣物捂住口、鼻，以防中毒。

呼吸畅通以后，要弄清自己所处的环境，如果看不清，可以用手四处摸索。你或许摸到了抵在胸口的桌子断腿，摸到了压在头顶的桌子、水泥板，摸到了右上方那堵倒塌的墙壁，摸到了长短不一、形状各异的钢筋，摸到了身子下面那些细碎的瓦砾……同学们别害怕，搬开身边那些可以搬动的碎砖瓦等杂物，扩大活动空间。设法用砖石、木棍等支撑，加固周围

设法用木棍支撑，以防余震发生时再次被埋

的断壁残垣，以防余震发生时再次被埋压。如果身体上方有不结实的倒塌物、悬挂物等，应设法避开，以免受到伤害。值得特别注意的是，如果身边的杂物被其他重物压住，无法移开时，千万不要生拉硬拽，防止造成新的倒塌。

汶川特大地震时，都江堰聚源中学的谢屿正在上课，地震突袭，他马上钻到课桌下面躲藏。然后只听那"轰"的一声，脚下一空就落了下去，被埋在了废墟下面。周围的空间被封闭起来，空气越来越少，他感到胸闷气短、呼吸困难。于是，谢屿开始用手摸索，终于找到一处较软的沙石，便用手使劲抠挖，最终挖开了一个直通外面的小洞，空气顺利进入，他呼吸也顺畅了，一直坚持到被救援者发现，并最终获救。唐山大地震时，一名在马家沟工作的工人曾回忆说，他被埋压后，仔细观察周围情况，小心活动肩膀，抽出手臂，试着将周围的石块向四周推移，扩大了生存空间，为延长生命创造了条件，最终从缝隙中爬出了废墟。

（三）设法逃离险境

强烈地震后，原有建筑物被破坏，加上随时可能发生的余震，如果被埋其中，可谓危险重重。因此，我们应观察周围有没有通道或亮光，分析判断自己所处的位置以及从哪个方向有可能出去；试着排除障碍，开辟通道，自行脱险。如果多个人同时被埋压，要互相鼓励，共同计划，团结配合，必要时采取脱险行动。值得特别注意的是，如果开辟通道费时过长、费力过大，或不安全时，应立即停止，保存体力。

汶川特大地震时，北川中学高一（一）班的朱付敏正和同学们在二楼上课，伴随着一声巨响，教室天花板轰然垮下，此时教室里一片黑暗，仅余课桌下不到半人高的空间彼此联通。身处教室后方的朱付敏发现一缕光亮从后墙上的缝隙中透出，于是朱付敏一面组织同学朝裂缝方向移动，一面和同学们奋力清理裂缝旁的砖石和水泥预制板，渐渐地一个约四十厘米见方的小洞出现了，在朱付敏的组织下，同学们有序地从洞里钻出教室，脱离险境。

二、保存体力，等待救援

当同学们在地震中被埋压却无法自行脱险时，不要大声哭喊、拼命挣扎，而是要尽可能地控制自己的情绪，尽量减少活动量，保存体力，想方设法维持自己的生命，有效发出求救信号，坚定生存的信心，耐心等待救援。

(一) 设法维持生命

汶川特大地震时，崇州市怀远镇中学李克诚老师在被废墟掩埋108小时后被武警官兵成功救出。据李老师描述，在学校校舍倒塌之初他昏迷了一段时间，后来他清醒过来并试图活动，但周围水泥块让他的身体无法动弹。他就四处摸索，忽然他摸到了一个空饮料瓶，还有学生的课本。口渴了，他就用饮料瓶接自己的尿液喝；肚子饿了，就把课本嚼碎和尿液一起吞进肚子里。在窄小的空间中，他的身体平躺，腿脚提起，以这种姿态坚持了4天多，直至获救。

李克诚老师被成功营救，除了营救人员的努力外，他本人的自救措施也是重要的因素之一。他用尿液、纸屑这些我们从未想过的"食物"来维持生命，看起来是天方夜谭，但确实起到了一定的自救作用。专家指出，尿液的成分中90%以上是水分，而蛋白质、氨基酸、微量元素、尿激酶等物质含量极低。虽然喝尿对人体没有好处，但在无法获得水源的情况下，通过喝尿，在一定程度上能够保持人体内血容量，延缓脱水症状出现的时间，保持体内电解质的相对平衡。而通过吃这些"食物"，可以降低胃黏膜的伤害，经过咀嚼也可以缓解饥饿症状，有利于维持生命。

因此，在被埋压后，如果没有食物和水，就要想办法找到替代的一些物品，必要时自己的尿液也能起到解渴作用。总之，要尽可能延长生存的时间，因为坚持的时间越长，得救的可能性就越大哦。

(二) 有效发出求救信号

地震过后，如果被埋压而又无法自行脱险时，一定要设法与外界联系，发出有效的求救信号。盲目的哭喊不仅不能唤来营救人员，还会消耗自身体力。那么，怎样的呼救才算有效呢？震后每个人所处的环境不尽相同，可以利用的工具、物品也大有不同。荀子《劝学篇》中教育我们："君子性非异也，善假于物也"，善假于物，便是要善于利用外界条件。因此，我们在发出求救信号时，要注意观察自身所处的环境，充分发挥自己的聪明才智，善于借助外力，更好地保护自己，做一个"善假于物"的聪明人。

为寻求救援，被困人员可以用硬物不时敲打水管、暖气管等，以示求救，并指示方位。

在向外寻求救援时，不要盲目大声呼救，可以先仔细听听周围有没有人。当听到有声音时，要尽量用砖、铁管等物敲击墙壁或管道，发出求救信号。从救助的经验看，埋压较深的人，呼喊不起作用，有效的方法是敲

用硬物敲击管道，发出求救信号

击法，声音可以传到外面，这也是压埋人员示意位置的一种方法。如果身边有发光的亮片（如玻璃、镜子等），同学们也可通过反射光引起救援人员注意。如果有哨子，可吹响它；有音响设备，可开大音量，从而达到呼救的目的。

当然了，如果震后我们的手机等通信设备还能使用，可直接用手机联系，除了父母、家人、同学、朋友外，也可直接拨打 110、120 等急救号码，也可拨打 12322 防震减灾公益服务热线等求助。

小贴士

12322 防震减灾公益服务热线

12322 防震减灾公益服务热线是全国统一的号码，不管在哪里拨打 12322 都只收市话费。具体操作如下：拨通之后，按 1 号键它会告诉你地震基础知识；按 2 号键是地震异常介绍内容；按 3 号键是地震预报与谣言内容；按 4 号键是地震监测设施保护内容；按 5 号键是防震常识；按 6 号键是紧急避险常识；按 7 号键是自救互救知识，按 8 号键是灾后注意事项的内容。如果还有不明白的地方，9 号键是人工服务为你解答你想问的问题。

三、成功获救，避免新的伤害

不管是同学们靠自己聪明才智脱险，还是被别人救出，都是一件值得高兴的事儿。但成功获救，是不是就可以万事大吉了呢？当然不是。经历被埋压的人，身体机能和情绪大部分都会有损伤和波动。获救后，要注意自我克制，掌握科学知识，避免造成新的伤害哦。

（一）注意保护眼睛

同学们有没有在电视上看到过这样的情景：从废墟中抬出来的幸存者大多数都被蒙上了眼睛，这是为什么呢？同学们一般都知道，如果晚上外出回到家，突然打开灯。哇，有点儿刺眼！而被埋压时，眼睛一直处于黑暗当中，特别是长时间被埋压，眼睛适应了黑暗，突然到光线很强的地方，眼睛会适应不了。如果不加以保护，视力会受到损害，严重的甚至失明。

获救后，要注意保护眼睛！

保护眼睛

为避免这种伤害，在被救出到外面之前，用深色布条蒙上眼睛，以后再慢慢使眼睛适应，最后再摘除这个布条。

除了避免光线刺激外，还要学会自己判断眼睛是否受到伤害。具体做法是：用手遮住一只眼睛，用另一只眼睛检查视物情况。因为除了外物直接撞击到眼球外，脑外伤同样会影响视力。地震中眼睛受外伤一定不能拖，否则就会恶化。如发生交感性眼炎，一只眼睛受伤后随之引发另一只眼睛的炎症。因此，一旦发现眼睛异常，要及时告知家长或老师，并到医疗点救治。

（二）不要过度饮食

同学们，你们觉得那些从废墟下被救出的人们最想做的事情是什么？答案几乎是一致的，那就是好好饱餐一顿。这应该是在废墟中经历了饥渴难忍的人们的共同愿望。可是，这个时候立即大吃大喝是不可以的，这是因为长时间没

科学饮食

有进食，导致肠胃功能下降，如果一下子补充大量食物，轻则肠胃受到伤害，重则导致"撑死"。科学的做法是按照医生的建议，逐步恢复正常饮食。可以吃一点自己喜欢的零食调节情绪，消除不安。还可以多补充一些葡萄糖、蔗糖、淀粉和纤维素等碳水化合物，这对于改善焦虑、失眠、神经衰弱都有好处。

水果中的香蕉、草莓、龙眼、苹果也都具有安神效果，对消除疲劳和过度紧张大有益处。多吃红枣、黄芪、枸杞，能提升身体的元气，增强免疫力。

第二节 力所能及救助别人

相信不少同学都在安全课或防灾减灾科普馆中学习和了解过"自救互救方法"吧？自救，顾名思义就是自己救自己；互救是指震后灾区已经脱险的人员、家庭和邻里之间的相互救助。破坏性地震发生后，道路和通信设施往往遭到严重破坏，救援部队最快也要在几小时、十几小时以后才能赶到救灾现场。在这种情况下，最好的办法就是同学们在自身脱险后，力所能及地开展互救行动，让更多被埋压的人员获救。

一、积极参加救援行动

72 小时，也就是 3 天 3 夜。同学们试想一下，如果我们 3 天 3 夜不吃不喝会是什么样子？会萎靡不振吗？会死掉吗？不吃可能没事，不喝可就有点不太妙啦。72 小时，在地震救援中，其价值堪比黄金。所以我们经常

时间就是生命

会在灾难救援的新闻报道中听到"黄金72小时"的说法。在此时间内，被救出的埋压者存活率极高。在世界各地历次大地震中，72小时内的国际化救援是最有效的救援方式。一般情况下，被困人员在72小时后被救出，其存活率不到30%；72小时后，受困人员要想生存下来，将取决于意志力。

时间就是生命！抢救得越及时，获救的希望就越大。地震中有不少被埋压人员，一开始并没有被垮塌的建筑物砸死，而是因为长时间没有得到救助而窒息死亡，如能及时救助，是完全可以获救的。唐山大地震中有几十万人被困在倒塌的建筑物内，当地群众通过自救互救，大部分被埋压者获得了重生。因此，同学们在自身脱险后，可以力所能及地就近、及时展开自救互救行动，抢救生命。

对地震幸存者的搜救是与时间赛跑的过程。72小时，只是理论上的黄金救援时间，并不意味着生命的极限。长时间被困后获救的案例也不少。在世界各地的历次大地震中，从来就不缺乏奇迹，因为很多坍塌的建筑中会保留蜂窝结构的空穴，使人得以幸存。汶川特大地震中，一名60岁老人在被困11天后终于获救；1985年墨西哥8.1级特大地震中，许多被埋超过一周的人都存活了下来……黄金72小时后，仍然要坚信生命的力量，期待奇迹的出现。

 "5·12"汶川特大地震中年龄最小的救人英雄

林浩，汶川特大地震中年龄最小的救人英雄少年，他当时仅有9岁半，是四川省汶川县映秀镇渔子溪小学二年级学生。在地震发生的那一刻，林浩同其他同学一起迅速向教学楼外转移，刚跑到教学楼走廊上，就被跌下来的两名同学砸倒在地，压在了废墟之下。此时，身为班长的小林浩表现出了与其年龄不相称的成熟，他在废墟下面组织同学们唱《大中国》来鼓劲加油，安慰因惊吓过度而哭泣的女同学。经过两个多小时的艰难挣扎，身材矮小而灵活的小林浩终于自救成功，爬出了废墟。但此时，小林浩的班上还有数十名同学被埋在废墟下面，9岁半的小林浩没有像其他孩子那样惊慌逃离，而是镇定地返回了废墟，将压在他身边的两名同学救了出来，小林浩的头上还受伤留下了伤疤。

2008 年 6 月 27 日，林浩为此被中央文明办、教育部、共青团中央、全国妇联授予"抗震救灾英雄少年"称号，成为 2008 年北京奥运会的小旗手。

二、互救原则和方法

强烈地震过后，到处是灾情、哭喊声、伤员，需要救助的人很多。同学们如果参与救援，不仅要有热情，更要讲究科学，千万不可鲁莽行事，不可让被埋压人员遭遇新的伤害。这个时候要特别注意施救的原则和方法，以便让更多的人获救。

（一）先救命，后救人

唐山大地震中，一位农民所住的三间平房倒塌，幸好他跑得快，未被埋压，可他的家人就没那么幸运啦：二儿子被椽子压住脖子，连呼吸都相当困难；侄子坐在炕上，从房顶上掉下来的重物压在他身上；另外两个儿子一个在西屋西头柜根下坐着被埋，另一个儿子趴着被埋；老伴被埋压在东屋炕上，身上堆着碎砖及房顶的碎焦渣。他见全家五口人均被埋压，虽未被砸死，但都有生命危险，由于被埋压人较多，到底该怎么办呢？他考虑了一下，认为在人单力薄的情况下，要想使全家多人得救，只有方法得当。首先应解除每个人生命的威胁，即先救命后救人。想好后，他先将压在二儿子脖子上的椽子搬开，使他呼吸畅通，不至于憋死；再去解决第二个人的呼吸问题。依次将三个儿子、一个侄子和老伴从险境中解脱出来后，再回过头逐个救出。救出一个人，便增加一份救援力量，扒救速度越来越快，最终他们都得以生还。如果单靠一个人的力量，在没有搜救工具的情况下，不分轻重缓急，只会拖延时间，另外几个人的性命很难保住。

强烈地震后，有很多被埋压的人需要救助。如果你安全地逃了出来，在保证自己安全的前提下，同学们应积极参加救助其他人的活动。但是这个时候，要特别注意施救顺序，提高救助效率，以便让更多的人获救。一般来说，施救时要先救那些离你距离最近的、最容易救出的幸存者。不论被埋压的是你的家人、邻居、同学，还是陌生人，只要离你最近、比较容易救出就应该先救他们；如果舍近求远，往往会错失救人的良机，造成不应有的人员伤亡。如果一直在建筑物层层堆叠的地方恋战，也会大大降低救助效率。如果埋压人员有青壮年和医务人员，要力所能及地先救他们，因为救出一个青壮年，就可能多一份救援力量；救出一个医务人员，就可能尽快医治或抢救一批伤员。如果附近有多人被埋压，可以参照上述例子中那个农民的做法，先让其头部露出，清除口、鼻内的异物，使其能够自由呼吸，解除每个人的生命威胁，然后再一一将其救出。

那边还有人需要救援！

获救的青壮年和医务人员积极参与互救行动

（二）先找人，后救人

面对千奇百怪、乱七八糟的废墟，如何寻到被困人员的位置，实施有效的救援呢？很多情况下，我们没有专业仪器和搜救犬的帮助，只能靠一些简单的方法寻找被困人员，有人总结出"一问、二看、三听、四喊、五分析"的有效方法，要切记哦。

"一问"，就是向知情的幸存者询问。了解什么人住在哪些建筑物内，地震时是否外出等，从而了解哪些房屋内可能有较多的受困人员、受伤人员，了解伤员的可能位置和建筑物的格局情况。

俯身趴在废墟上，聆听里面发出的微弱求救声

"二看"，就是仔细观察。观察废墟中有没有人爬动的痕迹或血迹，观察居住空间是否完全封闭，有无幸存者、半露的衣服或其他迹象，特别应注意门道、屋角、房前、床下和一些容易形成三角空间的地方。

"三听"，就是要仔细倾听有无被困人员的动静。可以趴在地上或靠墙贴耳倾听，也可以利用夜间安静时听；可以一边敲打一边听，也可以一边用手电筒照一边听。特别要注意一些轻微的呻吟声或微弱的敲击声音。

"四喊"，就是大声呼唤。可以让知情者和受困人员家人呼唤受困者姓名，细听有无应答之声。

"五分析"，就是分析情况。要根据发震时刻、现场情况，分析被埋压人员可能的位置，比如地震在睡觉时间发生，就要特别注意卧室位置。

通过以上五种方法找到了伤员的位置后，要遵循科学挖掘方法，保护被埋压人员的安全。当接近被埋压人员时，不可再用利器刨挖，以免伤及被埋压人员。要特别注意分清哪些是支撑物，不可破坏原有的支撑条件，以免引起新的坍塌，对埋压者造成新的伤害。尽早使封闭空间与外界联通，可先将被埋压者头部露出来，清除其口、鼻内的尘土，保证其呼吸畅通，再使其胸腹和身体其他部分露出。如果挖掘过程中灰尘太大，可喷水降尘，以免被救者和施救者窒息。可先将水、食品或药物等输送给被埋压者，以增强其生命力。对于伤害严重、不能离开废墟的人员，应设法清除周围埋压物后，将其抬出废墟，切记不可强拉硬拽。被埋压人员受伤时，应根据受伤轻重，采取包扎或送医疗点抢救治疗。如果是脊椎受伤，搬运时应用门板或硬担架，防止造成伤员瘫痪。对被埋压时间较长的人员，救出后要用深色布料蒙上眼睛，避免强光刺激；也不可给其过多食物和水，以免进食过多而伤及肠胃。如果发现被埋压人员，却一时无法救出，应做下标记，等待专业救援人员前来救助。

第三节 震后生活我可以

强烈地震过后，灾区人民要进行一系列艰苦的救灾与重建工作。在抗震救灾的日日夜夜，同学们千万不能被地震吓倒，要听从有关部门和学校老师的指挥，学会在灾后特殊环境下学习和生活。只有好好学习，才是对抗震救灾工作的最大支持，才能使大人们集中精力恢复生产，重建家园，把家乡建设得更加美好。

一、警惕余震发生

地震序列中，主震后的所有地震统称为余震。这是因为一次强烈地震之后，岩层一般不会立即平稳下来，还会继续活动一段时间，把岩层中剩余的能量释放出来，所以紧跟着在同一震区会发生一系列较小的地震。有的大地震余震很少，有的却很多；持续时间也不一样，有的余震持续时间很短，有的余震可长达数月乃至数年之久。

1976年河北唐山7.8级大地震之后，当天就发生了两次强烈余震，震级分别为6.5级和7.1级。以后沿着唐山、滦县这一活动断裂带，5.0～6.0级甚至更强的余震仍在不断发生，如当年11月15日在宁河发生一次6.9级地震，直至1977年春季，强烈余震仍然有所活动，至于5.0级以下的小震就更多了。

那么，同学们是不是会担心，那我该去哪儿生活呢？难道就无处安身了！其实大地震以后，在一段时间内发生余震，属正常现象。一般来说，余震总是逐渐减少、减弱，但有时也可能出现较大余震，并造成破坏。需要注意的是，余震的震中距离主震震中不会太远，许多建筑物遭受主震冲击以后，虽然还未破坏，但已变得不太牢固。如果再来一次较强的余震，尽管震级小于主震，但它所造成的破坏可能比主震还大，因为受伤的房屋已经不起折腾了，甚至一晃就倒塌。所以，地震发生后不要急着返回家中或教室，房屋能不能继续居住，要等相关部门进行鉴定后再作决定。

应对强余震，还应注意以下三点：一是余震可能会持续一段时间，要有相应的心理准备；二是避免听信一些地震谣言盲目避震；三是如果可以回家，要把各种物件固定好，随时检查室内物品，特别是悬挂物如吊灯、吊扇等是否稳固。

另外，地震发生后，人们会开展一系列的善后营救工作。同学们如果参与救援，在余震中必须有一定的防护措施，避免受到新的伤害。

小贴士　死于余震的100多名女兵

1970年1月5日凌晨1时0分37秒，云南通海发生了7.7级大地震，许多人在睡梦中不知不觉就被砸死了。驻扎在震区的解放军某部的136名女兵被晃动惊醒，她们以军人的速度飞快地奔出营房。此时，大震刚过，房屋吱吱发响，但尚未倒塌。在寒冷的夜空下，女兵们仅穿着内衣和内裤，羞涩之心使她们忘记了身处危险境地，不知是谁带头，已经迈出地狱之门的女兵们，不约而同地冲进了尚存的营房内寻找外衣。不料，衣服刚刚拿到手中，一次强烈的余震就发生了，岌岌可危的营房顷刻倒塌，女兵们就这样全部惨死在屋里。

二、预防病从口入

地震发生后，由于大量房屋倒塌，下水道堵塞，造成垃圾遍地、污水横流，再加上畜禽尸体腐烂变臭，人们的生存条件急剧下降，很容易造成传染病的流行及爆发。这个时候，同学们要特别注意个人饮食和环境卫生，以免染上疾病。

（一）确保饮食安全

地震可能使供水系统中断，饮用水源受到污染。因此，需要医疗卫生人员采取相应的消毒措施，保护水源。供饮用水的河水旁边应插上明显的标识，同学们不要把医疗垃圾和生活垃圾随意丢弃在附近的河里；饮用水源不允许洗衣、洗菜，严禁向其中排放生活污水。饮用水必须经过净化、消毒。同学们不要喝生水，要创造条件喝开水。如何判断水质是否污染，同学们可以采取如下方法。

（1）看。干净水应该无色、无异物、无漂浮死亡的动物尸体等，否则可能对健康有害。

（2）嗅。干净的水没有异味，否则不宜饮用。

（3）尝。干净的水没有味道，如果发现有酸、涩、苦、麻、辣、甜等味道，则不能饮用。

（4）验。如果条件允许，可以让医疗卫生人员利用水质检验设备对水质进行快速检验，合格后才能饮用。

注意饮水卫生

灾后很多摊点是临时的，卫生可能不达标，所以同学们餐食要吃大人们现做的，尽量避免吃剩菜剩饭。已经发霉腐烂、存放时间不明、来源不明的食物要丢弃，避免食用。蔬菜和水果一定要清洗，并让大人消毒后食用。在饮食中添加大蒜、醋，可以起到辅助杀菌、消毒作用。同时尽可能做好餐饮具消毒，最简便易行的就是清洗干净后，让大人用开水煮沸 15 分钟。

（二）搞好环境卫生

强烈地震发生后，往往会诱发一系列次生灾害，如水灾、火灾、滑坡、泥石流等，导致原来的基础设施遭到破坏，环境受到污染，很容易造成传染病的流行及爆发。这个时候，同学们要特别注意搞好环境卫生，以免染上疾病。

一方面要搞好个人卫生，加强自我防护。要注意保暖，有条件的情况下，尽量戴口罩。如果被砸伤或划伤，应及时前往就近的医疗点消毒包扎，不可使其与土壤接触，以免引起破伤风和经土壤传播的疾病。要注意手部清洁，谨记饭前便后要洗手，不要用脏手揉眼睛，照顾患者后一定要洗手。如果与患者同住，注意个人洗漱用品和碗筷的隔离使用；如果条件不允许，则要让健康人先使用，患者再用，用完后应洗净或用消毒水消毒。露宿时要避免蚊虫叮咬，预防传染疾病。不要在可能不卫生的水中漂洗衣物或在其中游泳。

另一方面，要注意维护公共环境卫生。震后有关部门为我们设置了固定地点存放垃圾，并运到指定地点统一处理。还修建了简易厕所，并定时清理和打扫，防止蚊蝇滋生。同学们也要自觉遵守震区卫生公约，注意维护环境卫生，不乱丢垃圾，不随地大小便。

三、注意临时安置点的安全

同学们，如果我们的家园被毁的话，很可能要到临时安置点生活一段时间。前期要生活在救灾帐篷里，以后还要再转移到活动板房里生活，直到永久性居住的房屋建成。不论是救灾帐篷，还是活动板房，其实都是我们温暖的家，既能为我们遮风挡雨，也能使我们的生活起居更方便些。但是，临时安置点里的救灾帐篷和活动板房不同于一般房屋，因此要格外注意安全，以免受到意外伤害。

（一）避免火灾发生

大地震过后，供电系统往往遭到破坏，即使在救灾帐篷和活动板房用电，大多是临时架起的线路，相对于平时比较脆弱。此时，要格外注意用电安全，避免发生火灾。同学们使用各种电器后，要记得随即关闭。长时间出门时，要记得关闭总开关哦，做到人走电断。外出、睡觉或突然停电时，要及时切断电源。更不要为了给电动车充电，私拉电线。

如果没电，使用蜡烛要插在不可燃的基座上，比较安全的方法是把蜡烛插在盛有沙子的脸盆或盘子里（盘子的半径要大于蜡烛的长度），入睡前要把蜡烛熄灭。此外，同学们千万不要在救灾帐篷附近玩火、燃放爆竹、打闹等，以免伤人伤己。一旦发现起火，要大声呼喊，通知他人，同时迅速离开救灾帐篷，利用就近的灭火设施，如储存的生活用水和土、沙等灭火。

在活动板房里生活，同样要预防火灾。活动板房的门一定要向外开，这样在发生火灾的情况下便于人身脱险。因为当活动板房起火的时候，屋里的人都自然地要夺门而出，如果向里开门，在慌乱的时候后面的人会将前面的人挤住，越着急越拉不开门。此外，当屋里起火时，温度增高，空气也随之膨胀，很自然地对门产生压力，而温度越高这种压力越大，向里的门很难打开，给我们安全脱险造成很大障碍。

（二）当心疾病上身

在救灾帐篷里生活，人多拥挤、空气流通不畅，周围各种生活设施不方便，再加上灾区畜禽尸体的腐烂变臭，很容易滋生各种细菌，引发一些传染病的迅速蔓延。因此同学们一定要和大人们一起定期打扫、消毒。

救灾帐篷里住宿条件差，如果在地上睡觉，要特别注意防潮哦。长时间生活在潮湿的环境中，易患风湿病和支气管炎。可采取通风、暴晒衣物等方式驱潮护体。家人使用燃气时，要提醒他们保持空气流通。冬天使用煤气时，要注意通风，切不可因惧怕寒冷而密封救灾帐篷，以免引起煤气中毒。同学们一旦有什么不舒服，千万不能"讳疾忌医"，一定要及时告诉家人或相关人员，以便尽快得到治疗。对已患传染病的人，要及时隔离治疗，控制传染源。根据统一安排，同学们要自觉接种疫苗，严防鼠疫、流行性出血热、炭疽等疾病的发生或流行。

四、重新找回自我

地震发生以后，很多人会产生焦虑心慌、伤心痛苦、悲伤孤独等糟糕的心理反应，影响正常的生活和学习。同学们如果出现了不良的心理反应，除了拨打心理咨询热线，寻求专业的心理救助以外，还要学会用各种方法自我调节心情，重新找回自我。

（一）尽快走出地震的阴影

地震带来的痛苦和阴影，不仅会影响同学们的学习和生活，也可能给大家造成精神障碍。针对震后的一些情绪反应和身体症状，同学们可以通过以下几种方法进行自我调节，尽快驱散心理阴影，恢复正常的生活和学习状态。

一是保证睡眠与休息，使自己的生活作息恢复正常。因为稳定而规律的生活节奏，会让心情有所依托而不再慌乱。如果失眠、焦虑情况严重，要尽快告诉家长或老师，及时就医。二是保证基本饮食，因为食物和营养是我们战胜疾病创伤、积极康复的保证。三是多与家人或者朋友交流，将内心的各种情绪说出来，让情绪得到自然宣泄。四是感受身边的关怀，感受社会的支持，看到希望，树立信心。五是不要勉强自己去遗忘，伤痛会停留一段时间，是正常的现象。六是不要孤立自己，要多和亲戚、老师、同学保持联系，多和他们交流。

（二）用爱心救助他人

灾难无情人有情。在困难时期，同学们更要相互理解，相互宽容，相互帮助，力所能及地用爱心帮助他人，共渡难关。也许我们的一句话，就能帮助别人找到振作起来的勇气；也许我们的一个拥抱，就能帮助别人赶走孤独。更重要的是帮助别人能从中发现自己的价值，感受到喜悦和幸福。帮助小伙伴们更快地渡过难关，同学们可以从以下几方面入手：

力所能及地帮助他人，积极地带动小伙伴一起学习和做游戏，互相鼓励，互相打气。

多交流，多倾听。与在地震中受到伤害或失去亲人的小伙伴们在一起时，要耐心地倾听他的伤心事，安慰他、鼓励他，帮助他重拾勇气和信心。

适度的肢体接触。对于那些虚弱的人，握着他的手，或者给他一个温暖的拥抱，都会让他脆弱的心灵得到巨大的温暖。安慰周围的同学、朋友时，默默的行动胜过千言万语。

如果是别的地区发生了地震，那我们要做到：

当有灾区的孤儿被安排到你家时，你要像对待自己的兄弟姐妹一样，让他们感到家的温暖。

做个有爱心的人，要把平时积攒的零花钱、看过的图书、学过的课本等，捐给地震灾区的同学们，帮助他们渡过难关。

震后不少生活用品需要发放领取，在领取救灾物资时，要文明礼让，互帮互助，不可拥挤叫嚷。不要浪费人们捐助的吃、穿、用的东西，可以把多余的衣物和食品等分发给身边的小伙伴，共享爱心人士的帮助和温暖。

小贴士 手上芭蕾同样优美

在汶川 8.0 级特大地震中，四川省北川县的小姑娘李月不幸被埋压。因为条件有限，救援的解放军叔叔不得不含泪对小李月实施截肢。这对热爱芭蕾，从小就学习芭蕾舞的李月来说是多么残酷的事！但在亲人和大家的关心鼓励下，小李月坚强地站起来了。在 2008 年残奥会开幕式上，我们又看到了她翩翩起舞和"芭蕾王子"吕萌一起跳起了最喜欢的芭蕾。

同学们，面对无情的灾难，我们要向李月这样的小伙伴学习，慢慢地坚强起来。危难之时，我们的国家总是给予我们强有力的支持。一方有难、八方支援，千千万万的解放军叔叔、爱心志愿者等都在第一时间向我们伸出了爱心援助之手。历经劫难的我们要更懂得珍惜以后的生活，好好学习，将来好有能力去帮助别人。

第四节 网络地震谣言不可信

在当今网络化时代，大概很多同学都有过这样的经历，当你某一天打开微信朋友圈时，突然看到各种各样的"地震预测信息"，或者在网上看到《最新地震预报消息》帖文。此时，你会不会突然紧张呢？这些看似"信誓旦旦"的预言，真的可信吗？其实，这些通过互联网传播的没有事实依据或缺乏科学依据的地震信息，就是网络地震谣言。俗话说："真的假不了，假的真不了。"只要我们学习掌握了防震减灾的知识，学会识别网络地震谣言

不要随便轻信地震谣言

的方法，在网络上不信谣、不传谣，网络上的地震谣言就没有了传播的空间。

一、网络地震谣言的危害

通过电脑、手机等互联网新媒体发布信息，参与网络话题的讨论，相信是很多同学日常交流的一个重要方式。可以说，网络时代，人人都有一个麦克风，人人都可以是"新闻发言人"。因此网络上的信息变得非常多，简直就是海量，这使得查找信息源头变成一件十分困难的事。同学们在查找信息时，是不是也有这样的体会呢？于是一些造谣者便利用网络发布各种虚假的地震信息，特别是通过社交媒体传播后，地震谣言往往在短时间内出现井喷式发展态势，改变人们的认知、态度甚至是行为，从而诱发大规模的群体事件，影响社会稳定。

2010年1月24日，山西省运城市发生4.8级地震后，太原地区出现一条地震谣言，通过短信、网络等渠道疯狂传播。由于听信地震谣言，2月21日凌晨，山西省太原、晋中、长治、晋城等几十个县市的几百万人纷纷走出家门，挤上街道，在瑟瑟寒风中等待"预言"发生，严重影响了社会的稳定。这条地震谣传之所以影响这么大，主要是因为在传播过程中经过了几个人"二次加工"。35岁的打工者李某某最先将道听途说的消息编写成"你好，21号下午6时以前有6级地震，注意"的手机短信息发送传播；一名20岁的在校大学生傅某某在网上看到有关地震的帖文后，便在百度贴吧发布《要命的进来》帖文："我爸的一个朋友，国家地震观测站的，也是打电话来，说震的几率很大！大约是90%的

几率，愿大家好运！这绝对权威！"在太原打工的韩某某出于玩笑，以"10086"名义发送"地震局公告：今晚8时太原要地震，请大家不要传阅，做好预防工作，尽量减少人员伤亡"的信息；在北京打工的张某为了提高网上点击率，先后在百度贴吧等发布《最新山西地震消息》："山西2010年2月21日地震消息，据官方报道，山西吕梁地区死亡36人，伤亡人数正在统计中。晋中、太原、大同等地未来72小时可能发生不下30次余震，余震范围包括山西晋中、晋南地区、山东西部、河南北部，大家及时防范。"24岁的工人朱某某为了起哄，在百度贴吧发帖称"山西太原、左权、晋中、大同、长治地震死亡100万人"。后来经过公安机关的侦查，5名造谣者被行政拘留。

还有的地震谣言，以官方消息在网络上传播。例如，2017年5月9日，在网络上传播一条《地震警示，河南》为题目的"地震预测信息"，通过微信、微博等渠道在网络上广泛传播，河南省驻马店、南阳市地震部门接到很多询问地震的电话，甚至在北京工作的驻马店人也打电话询问震情。这条"地震预测信息"以"河南南阳4月27日凌晨出现的大规模蛤蟆迁移"为由，说"中国地震局预报未来两个月内中国还将发生7级以上地震，湖北、河南等地为重点，地震震级可在7.3 ~ 8.0级，初预测震点驻马店、南阳地段"，并说"这是李四光预测中国60年内将有4次特大地震之一"。据查，该条信息在2016年8月份也曾在湖北、河南省出现过，编造谣传的王某已被湖北省公安机关拘留。

二、网络地震谣言的惯用伎俩

纵观近年来发生的网络地震谣言，虽然表现内容不同，但散布谣言者往往利用人们对地震的恐怖心理来博人眼球、撩拨公众情绪，惯用的伎俩有以下几点：

（1）超过目前地震预报的实际水平。网络地震谣言所说的震级往往较大，对地震发生的时间、地点、震级预测得十分准确，超过了目前地震预报的实际水平。

（2）打着权威部门和专家的旗号。宣扬来自所谓"中国地震局某某部门"、"某某知名专家"的预测，借助权威来迷惑网民，达到其不可告人的目的。

（3）运用恐吓的标题或句子。在网络地震谣言传播过程中，恐吓式地震谣言用语成为网络传播的主流，如《地震警示，河南》《要命的进来》等，以此来刺激网民敏感的神经，引起受众关注，产生恐惧，进而广泛传播。

（4）利用微信"朋友圈"的可信度。因为微信"朋友圈"都是亲人朋友，信息可信度高，造谣者往往在自身"朋友圈"传播，并在不断的刷屏中扩散。

发布地震预报有权限，不可相信地震谣言

（5）对地震后果过分渲染。一些小震发生后，造谣者往往在网民中鼓吹小震之后将发生更大的地震，甚至会出现"某个地方将要下陷"、"某个地方要遭水淹"等传言，这种耸人听闻的消息也是不可信的。

（6）跨国地震预报。如果网络上传说地震是由外国人预报的，那肯定是谣言，因为这既不符合我国关于发布地震预报的规定，也不符合国际间的约定。

三、练就识别网络地震谣言的火眼金睛

谣言止于智者。该如何练就识别网络地震谣言的火眼金睛呢？同学们可以通过"一问二想三核实"的方法来判断是不是网络地震谣言。

（一）一问消息来源

首先要问一下消息来源于何方"神圣"。只要不是政府发布的地震预报，无论是地震权威专家的预测，还是贴着"洋标签"的跨国预报；无论是"有根有据"的地震传言，还是带有迷信色彩的地震消息都不可信！因为我们国家规定，地震预报一般由省级人民政府发布。已发布地震短期预报意见的地区，如果发现明显的临震异常，在紧急情况下，可由市、县级人民政府发布48小时内临震预报，并同时向省人民政府及地震工作主管部门报告。除此之外，任何单位和个人都无权向社会发布地震预报意见或信息。

（二）二想地震预报水平

二是想一想目前的地震预报水平。目前的地震预报还处于探索阶段，不能准确地预报地震。因此，凡是将地震发生的时间、地点、震级说得非常准确的

地震预报都是谣言。如时间精确到几日几点几分、地点精确到某某乡某某村的地震信息都是谣言，因为现在的地震预报远未达到如此高的水平。

（三）三向地震部门核实

三是及时向地震部门核实。当我们从网络上看到地震的消息后，心存疑虑、难辨真假的时候，可以向当地政府和地震部门核实，也可以拨打12322防震减灾公益热线咨询。如果发现动物、植物或地下水等异常时，也要及时报告地震部门，由地震部门组织专家核实。

恶意造谣传播谣言属于违法行为。《中华人民共和国防震减灾法》第八十八条规定，向社会散布地震预测意见、地震预报意见，扰乱社会秩序，构成违反治安管理行为的，由公安机关依法给予处罚。《中华人民共和国治安管理处罚法》第二十五条规定，散布谣言，处五日以上十日以下拘留，可以并处500元以下罚款；情节较轻的，处五日以下拘留或者500元以下罚款。

小贴士　为什么地震预测是世界性难题？

随着科学技术的进步，今天人类已经可以乘飞机、飞船在空中遨游，登上距地球38.4万千米的月球；可以利用太空望远镜直接观测到遥远的星球。但是，在地球内部，人们却只能活动在几米深的地下商城里，或者深入到几十米深的设施、数千米深的矿井内。人们能到月球上取回岩石标本，但却无法得到地球内部数十千米深的岩石，可谓上天不易入地更难啊！地震发生在地球的内部，人们无法进入地球内部察看震源和观测地震孕育、发生的过程，这在客观上造成了地震科学研究的困难，制约着地震预测难题的解决。

概括地说，地震预测面临着一系列特殊的困难，主要有：

（1）研究对象特殊。地震预测的研究对象是发生在地下深处的复杂的地质—地球物理过程，目前既看不见，也摸不着。

（2）现有的地震观测方法均是间接的。地震一般发生在地下几千米至几百千米处，而当今世界上最深的钻孔只有12千米，因此目前人们只能依靠地面的观测资料，对地球内部的状况进行反演和推测。

（3）难以实验与模拟。地震是地球上规模宏大的地下岩体破裂现象，其孕育过程又跨越了几年、几十年，甚至更长的时间。因此，不但很难用经典物理学方法从本质上加以描述，也难以在实验室或者野外进行模拟。

（4）研究结果检验困难。大地震对于同一地区可能是几十年、几百年或者更长时间才能遇到一次，而不同地区，甚至同一地区不同时期的孕震过程、机理可能差异很大，所以重复实践进行检验的机会也很难碰到。

上述种种困难，导致了地震预测的方法和技术进展迟缓，地震预测也就成了当今世界性的一个科学难题。

想一想　练一练

1. 地震后的生活中需要注意的问题有哪些？大家一起说一说吧。

2. 一起动手，为灾区的小朋友写封信，用充满爱心的话语，给他们送去温暖的鼓励。

3. 地震后，自己家的房屋没有倒塌，只有几道裂痕，可以入住吗？

4. 地震后，哪些食品可以吃呢？　在正确的后面画"√"，错误的后面画"×"。

（1）来源不明、没有明确食品标志的食品。（　　）

（2）经过同一规范处理发放的食品。　　　　（　　）

（3）不能辨认的蔬菜及其他霉变食品。　　　（　　）

第六章　减灾希望之路

同学们，地震虽然是一种自然现象，但我们还不能像预报天气一样预报地震。那么，难道我们对地震就束手无策了吗？防震减灾的希望之路在哪里呢？习近平总书记为我们提出了新时代防灾减灾救灾的新理念，国家实施的"透明地壳""解剖地震""韧性城乡""智慧服务"四大科技创新工程，目标就是要把我国建成世界地震科技强国。这是一条充满希望的减灾之路。同学们从现在起就要树立减灾的新理念，积极学习防震减灾科学知识，努力成为减灾希望之路上的"小博士"。

第一节　立志做防震减灾"小博士"

同学们的年龄虽然小，但相信大家都已经学习和掌握了不少防震减灾科学知识。但是，通往减灾的希望之路并非一帆风顺，还有很多科学难题需要我们长大后去攻克，实现有震无灾的理想还有很长的路要走，甚至需要几代人的不懈努力。

思路决定出路，理念决定方向。习近平总书记在唐山大地震 40 周年之际发表重要讲话强调："同自然灾害抗争是人类生存发展的永恒课题。要总结经验，进一步增强忧患意识、责任意识，坚持以防为主、防抗救相结合，坚持常态减灾和非常态救灾相统一，努力实现从注重灾后救助向注重灾前预防转变，从应对单一灾种向综合减灾转变，从减少灾害损失向减轻灾害风险转变，全面提升全社会抵御自然灾害的综合防范能力。"在向汶川地震十周年国际研讨会暨第四届大陆地震国际研讨会致信中，习近平总书记还要求我们"学会与地震灾害风险共处"。这为我们做好新时代防灾减灾救灾工作指明了方向，同学们要好好学习、广泛宣传，使新理念成为我们学习防震减灾知识的动力。

同学们应该知道，国家的发展离不开科技创新。我国正在实施的"透明地壳""解剖地震""韧性城乡""智慧服务"四大科技创新工程，不仅能从根本上改变我国"小震大灾、大震巨灾"的局面，而且能使我国的地震科技达到国际先进水平，国家防震减灾能力显著提升。但这并不是一蹴而就就能实现的，需要科学家们孜孜不倦地努力奋斗，更需要千千万万个防震减灾"小博士"当好他们的助手。

那么，怎样成为防震减灾的"小博士"呢？同学们首先要努力学习科学知识，勤于思考，勇于探索，相信地震发生的秘密我们总会有发现的一天。飞船、潜艇、登月，曾经都是科幻小说里才有的东西，如今不是都实现了吗？

防震减灾，你我同行。同学们自己掌握了防震减灾科学知识还不算真正的"小博士"，要充分发挥"小博士"的作用，宣传防震减灾科学知识、弘扬防震减灾科学思想、倡导防震减灾科学方法，让我们身边更多的人掌握防震减灾知识，使自己真正成为被大家认可的防震减灾"小博士"。

要做一个宣传倡导防震减灾新理念的"小博士"。理念决定行动。习近平总书记提出的防灾减灾救灾新理念，内涵丰富，博大精深。我们不仅要学习领会其中的含义，还要宣传倡导这些理念，使人人皆知，做到"以防为主"，把一些防震措施（房子建结实等）做在平时，与自然和谐共处，和地震和谐共生，甚至在地震来临时闭上双眼，伸开双臂去感受地球的震动。

树立攀登地震科学高峰的远大理想。四大地震科技创新工程，已为我们打开了探索地震奥秘、实现有震无灾的理想之门，但要实现这个宏伟的理想，需要攻克通往科学高峰道路上的一个又一个科学难关。同学们正处在长身体、学知识的大好时期，一定要树立远大理想，立志攀登地震科学高峰，将来成为防震减灾事业的栋梁之才。

少年强，则国强。同学们，你们是祖国的未来，更是明天的希望。地震科技的进步需要你们发挥聪明才智，实现有震无灾的理想需要你们去积极参与。从现在开始，让我们行动起来，翻开书本、打开电脑、走进防震减灾科普教育基地，共同用知识插上我们实现理想的翅膀，用行动守护我们美好的家园，创造更加安全的美好明天。

做防震减灾"小博士"

第二节　让地壳变得更加透明

"让地壳变得更加透明"，这是一件多么令人振奋的事情！今天，"神舟"飞船让我们实现了飞天的梦想，但对于脚下这片我们深爱的土地却还不甚了解，甚至连地下一尺的地方我们都看不清楚。如果让地壳变得透明了，我们就可以清楚地看到地下结构，让我们居住的房屋避开地震活断层，免遭地震的侵扰，最重要是可以从中发现地震发生的规律，实现地震预报的新突破。

"透明地壳"计划，是以地下清楚为目标，主要开展对地下结构的探察，重点探察地震带的深浅结构和断层活动习性，这就好比给地球深部做"CT"，让看不见的地壳变透明，从而寻找地震发生的规律。同学们不禁要问，地球那么大，怎么给它做"CT"啊？难不成要缩小成 mini 版的？ NO，NO，NO! 请接着往下看。

地震被认为是瞬间照亮地球内部的明灯，这是因为从震源发出的地震波，是目前我们所知道的唯一一种能穿透地球内部的波。但是，由于地球内部物质的物理性质不同，地震波在穿过时会遇到地下岩石密度、磁性、电阻率等干扰，甚至阻挡地震波通过，这就造成地震波在传播时会发生反射、折射和透射的情况。安装在地面上的仪器通过观测不同传播路径的地震波速变化，获得了地球内部结构图像，原理与医学中的 CT 成像类似。

的确，地球太大了，在什么部位给地球做"CT"、用什么方式做"CT"都有讲究。随着地震观测技术和探测能力的提高，尤其是国际上对地球深部结构探测研究的发展，人们认识到利用地震台阵的方式开展对地球壳幔精细结构的探测和空间成像，是目前技术条件下可采用的最佳方法。具体来说，就是利用由数百个宽频带地震仪组成的流动地震台阵，结合中国国家地震台网与邻近地区和国家的地震观测台站，采用天然地震和人工地震相结合的观测方法。所谓"人工地震"，其实就是"主动震源"技术，原理就是通过高压气枪往水里"开枪"，气体在水里产生压力，并且可以传播得很远，设在四周的地震仪器就会精确记录到地震波形、波速等参数，进而获得地球深层的结构等图像。令科学家们振奋的是，这一技术手段不仅可以认识地球深部的结构，而且发现了气枪发射地震波的走时和固体潮的变化与地震发生有密切的联系，是一种有希望的地震物理预报方法。2011年以来，我国的科学家在云南省宾川县等地建立了3个气枪主动源地震信号发射台，未来还将建设10余个发射台及相应的监测系统，实现地震信号覆盖中国大陆的大部分地区。

新疆呼图壁气枪震源发射台

在实施"透明地壳"计划的基础上，我国将建立中国大陆壳幔三维精细结构模型，获得地壳介质物性的时间变化图像，查明约200条活动断层空间展布和活动性参数，获得综合地球物理场及时间变化图像。不过，想了解清楚地下变化的情况，仅有静态的"透明地壳"还不够，还需要有高密度的综合地球物理场动态观测结果。因此我国还将利用GPS、水准、重力、地磁观测网络，监测获取中国大陆三维地壳运动图像和地表重力场、岩石圈磁场变化图像，为强震中长期危险地点预测提供依据。

实施"透明地壳"计划是一项庞大的系统工程，中国地震科学实验场作为面向地球内部的"望远镜"，将研究建立统一的断层模型、结构模型、变形模型和地热模型，为"透明地壳"计划提供科技服务。相信科学家们通过密集地震台阵探测、地震信号气枪发射台建设和活动断层探测等多种技术，一定能够建立中国大陆高分辨率壳幔三维结构模型，使地球真正成为一个像水晶球一样的透明球体。到时，我国透明地壳相关学科研究水平不仅跻身世界创新型国家前列，而且我们还会知道大地震是如何孕育、发生的，从而及时获取地震灾害的信息，通过模拟仿真，开展地震预测预报、风险评估，使人们提前做好应对地震灾害的准备，真正实现从减少地震灾害损失向减轻灾害风险的转变。

第三节　摸清楚地震孕育发生的真相

"解剖地震"是在"透明地壳"的基础上，以探索地震孕育机理为目标开展的科学研究。科学家这个地球的医生只有在看到"透明地壳"扫描出的CT检查"片子"后，才能客观地分析"病情"。实施"解剖地震"计划就是对照地球的内部构造，对已经发生的地震进行外科手术式的详细解剖，对典型强震进行全面深入的综合分析，建立典型强震的科学样本。

如果说地震是照亮地球内部的明灯，那么它们的亮度一定会因震级的不同而有所差别，震级越高，照亮地球的空间也越大，越能够被更多的监测仪器感知并记录，反映出的地球内部信息也更丰富。因此，在"解剖地震"的研究中，科学家们必然选择那些震级更大、影响更广、更具有代表性的地震来作为解剖的样本，如海城、唐山、汶川、玉树地震等。"解剖地震"的重点在于"解剖"，但不像同学们在自然课或生物课上看到的老师对小鱼儿做的那种解剖哦，因为我们不能切开地震的"肚子"，科学家们只能通过实验室试验、建立野外实验台网、依托中国地震科学实验场等方法，完成选定地震的解剖，开展大震孕育发生机理研究。其中，断层亚失稳观测与野外识别，就是"解剖地震"的一种有效方法。因为"有地震必有断层"，地震的发生是一个逐步累积应力到快速在断层薄弱位置突然释放的力学过程，临震前断层介于"亚失稳"和"失稳"时刻之间，是地震发生前的最后阶段，是压死骆驼的最后一根稻草，也就是说此时地震发生已不可避免。这意味着，只要能探测识别断层的亚失稳状态，就找到了必震的标志。

另外，世界上多数的大地震发生在板块边界上，如环太平洋地震带上绝大多数地震都属于此类。就中国而言，很多地震发生在大陆板块内部，但对这种类型的地震研究相对薄弱，许多重要科学问题尚未解决，使我国地震科技水平长期徘徊不前。因此，"解剖地震"就是要建立适用于中国大陆强震发生的机制和模型，深化对板块内部地震发生机理的认识。

历史上地震科学的进步往往都是通过对大地震的深入解剖所推动的，只有加强对不同类型强震的研究，分析总结其特有规律，才能逐步提高地震预测的科学水平。美国从 20 世纪 60 年代以来，对著名的圣安德烈斯断层进行了最高密度、手段最丰富的观测和研究，目前正在引领国际地震预报科学研究；日本对阪神大地震、我国台湾地区对集集大地震等进行了比较深入的解剖研究，这些成果和科学研究思路，对我国解剖地震研究具有重要的借鉴作用。

可喜的是，经过多年探索，我国地震监测、探测技术与以往相比有了突破性的进展。目前我国已经开展了一系列大地震综合科学考察，提出并发展了中国大陆地震活动地块理论，开辟了川滇国家地震监测预报实验场，为实施"解剖地震"计划打下了坚实的基础。随着地震预测技术能力的提升和观测资料的丰富，通过深入解剖典型大地震并在此指导下开展实验观测研究，可为大震预测预报取得突破提供重要的科学基础。

我们应该相信，通过"解剖地震"计划深入、详细解剖大地震典型震例，探索断层亚失稳机理，研究活动地块边界带成组地震的孕育演化规律，开展地震概率预测，利用新技术、新方法建立强震孕育的数值模型，有目的地针对解剖地震科学研究发展地震监测技术，丰富和发展大陆强

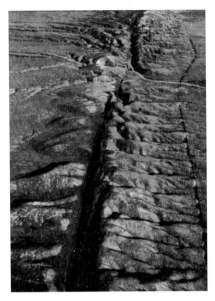

美国著名的圣安德烈斯断层

震理论，逐步深化对地震孕育发生规律的认识，能够为大震预测预报取得突破带来无限曙光。

第四节　建设可康复的"韧性城乡"

同学们，你知道自己所在的城市都有些什么头衔吗？比如文明城市、森林城市、卫生城市等等。在不久的将来，说不定你所在的城市还会多一个"韧性城市"或"韧性城乡"的称号呢，而且与其他称号一样，它也会有自己的建设标准和评价方法，这就是我国实施的"韧性城乡"计划。

"韧性"一词来源于拉丁文 resilio，意为"弹回"。就像我们玩球，当球碰到墙上的时候，它都会以一个角度弹回。那么，能够弹回的城市和乡村是什么样子呢？国家地震科技创新工程中提出的"韧性城乡"计划，以"地上结实"为主要目标，通过采取积极的防御措施，确保城市和农村能够在应对强震袭击时表现出足够的抗灾能力和适应能力，使城乡在地震来临时免遭破坏或者少遭破坏，即使造成一定程度的损害也能够在短时间内自动恢复，显著提高城乡可

康复能力。

地震灾害脆弱性是现阶段城镇化进程中制约城市可持续发展的核心问题之一。新形势下，我国经济社会快速发展，使得人财物高度集中，超高层建筑、高速铁路、大型水库、核电站等越来越多地出现在公众的生活中，地震灾害风险将长期存在，因此必须树立"与地震风险共处"的思想。建设"韧性乡村"计划的提出，实际上就是我们在应对地震风险理念上的新变化。原来应对地震灾害的方法是"硬抗"，比如说地震造成的生命财产损失，主要源自地震导致的房屋倒塌，那么传统的做法就是靠加厚、加粗墙体、柱体或增加钢筋的数量，把房子盖结实以抵抗这种冲击。但事实证明，当地震比较大、超过当地抗震设防标准的时候，房屋就扛不住了。所以"硬抗"的方法已经很难应对这种极端灾害，这时就有必要采取一种"以柔克刚"的方法，也就是应用"韧性"的理念来提高建设工程的抗震设防能力，建设"震不倒"的"韧性城乡"。

那么，如何建设"韧性城乡"呢？首先要科学评估全国地震灾害风险，就像打开天气预报 APP，我们可以查到温度、湿度、风速、降雨量、空气质量等指标一样，未来的某一天或许也可以随时查看地震灾害风险的各种指标哦。目前科学家们正在研究不同建筑与城市生命线如交通、通信、供水、供电等工程在发生不同等级的地震中可能造成的损失和伤亡指数，在此基础上提出城乡安全发展规划，提前做好防御；其次是开展地震灾害链（地震灾害发生后，常常会诱发一连串的次生灾害，这种现象就称为灾害链）的形成机理研究，包括地震可能引发的滑坡、泥石流等次生灾害，提出地震次生灾害综合防御对策。此外，"韧性城乡"计划还包括开展工程韧性技术研究，发展新型隔震及消能减震

北京新机场设计效果图（左）和弹性滑板支座（右）

关键技术、自动复位体和可更换构件为特征的工程震后快速恢复技术，研发经济、实用的农居建筑抗震技术，发展绿色、适用于不同民族风格的地震安全民居，增加建筑物的韧性。

建设"韧性城乡"离不开全社会的支持，需要发展社会韧性支持技术。包括建立大数据的地震预警新技术，使我们能够在地震发生后快速获取预警信息并及时躲避；研发城市地震灾害情景再现和虚拟现实交互技术，使我们可以真切感受到不同震级的地震对城市造成的影响和破坏；研究人流聚集区应急疏散、逃生、避险模型，提出城市社区地震灾害应急救援指标体系；发展智能预案系统和演练支撑平台，使我们在震后能够快速疏散；研究灾情规模判定、搜救目标确定、搜救和应急处置方案智能快速生成技术，使我们在地震灾害发生后的自救互救更加科学有效。

"韧性城乡"计划还将建设包括雄安新区在内的 10 个示范城镇，为全国韧性城乡的推广提供模板。关键指标包括地震灾害风险评估水平、减隔震技术应用的范围、灾情快速获取的渠道和速报、生命线工程的地震紧急处置能力、防震减灾设施的数量和分布、应急保障对策等。相信通过韧性城乡的推广，安全发展的理念将逐步深入人心，并纳入城乡建设和规划，实现我国在应对地震等不确定风险时由"亡羊补牢"向"未雨绸缪"的转变，不断促进我国地震安全发展。

第五节　防震减灾服务更有智慧

互联网问世以来，信息化的快速发展已成为当今世界经济社会的主流趋势，特别是随着智能终端、云计算、物联网（它的核心和基础仍是互联网，但互联网又需要一系列技术升级才能满足物联网的需求）、大数据等技术的推动，信息化更是向"智慧"时代迈进。"智慧"概念迅速被引入了气象、交通、医疗等社会生活的各个领域。那么，如何让与人们生命安全息息相关的地震信息服务也装上智慧的头脑呢？这就是"智慧服务"计划要解决的问题。

"智慧服务"计划，是以"公众明白"为目标，全面打造和提升防震减灾科技产品，服务国家、公众需求和经济社会发展主战场。智慧的关键在于智能化，智能化的前提又在于对海量信息的存储、挖掘和应用。因此，"智慧服务"计划

地震信息智能化服务平台网络

的首要任务就是建立一个全国性的地震科学大数据中心，将所有与地震相关的地球物理、地球化学、大地测量、地质学等学科领域海量的观测信息统一汇集、存储、共享和开放，实现各类"数据孤岛"的有效整合，完成海量数据的在线存储、融合处理和快速计算，在此基础上开展地震信息智能服务研发。通过大数据、云计算、物联网等新技术，把信息化的理念、思维、技术手段融入地震监测、灾害预防、应急救援、科学研究等业务流程。以地震监测流程为例，依托"智慧服务"，未来可实现地震观测信息的实时汇集、存储、分析，并自动产出预测意见。

如何让服务更有智慧呢？中国地震科学实验场将研究建立从基础研究、技术研发到应用研究的科技成果转化链条，以现代信息技术推进地震科技成果转化和新观测技术研发，并形成服务社会和公众的科学产品。其中包括针对政府、公众、行业和企业等不同群体，研发满足相应需求的精准化、个性化地震信息服务。比如，地震发生时，能够将地震预警信息、可能造成的灾害影响、当地拥有的防灾救灾资源、能够采取的应对措施等信息，精准推送给受灾区的政府和相关部门，为开展抗震救灾提供科学依据。根据公众所处位置及周围环境，准确推送余震信息、能够采取的避震措施、距离最近的避难场所等个性化信息。再通过应用交互机制，把灾害影响和需求实时反馈回地震系统，进而改进地震信息服务，使其更有智慧。

此外，"智慧服务"计划还包括对地震信息服务产品的深加工。根据移动互联网和新媒体技术的传播特点，研发并提供各类地震信息服务新产品。比如，通过地震监测产品数据处理自动化、可视化呈现，提供地震中长期预测、地震概率预测等相关产品，让我们可以像看天气预报一样直观了解未来一个时期发生地震的信息；通过建立活动断层避让的法规和标准体系，提供活动断层信息查询和避让建议等服务产品，让我们家乡的建设可以轻松避开活断层；通过利用地震烈度速报与预警系统，还可以实现在全国范围内 1 ~ 2 分钟发布地震基本参数速报信息，2 ~ 5 分钟发布烈度速报信息产品，让我们更好地应对地震；通过及时提供地震影响场地快速判断、灾情快速获取与地震灾害损失快速评估信息产品，让抗震救灾更加高效；创作社会公众喜闻乐见、通俗易懂的地震科普系列作品，使防震减灾知识不再枯燥乏味，防震减灾知识立马变得 so easy！

可以说，随着"智慧服务"计划的实施，防震减灾信息服务的产品会越来越丰富，防范地震灾害风险、应对地震灾害等工作的开展也会更加便利。

 小贴士 我国步入世界地震科技强国的目标

2017 年 6 月 7 日，中国地震局、科技部、中国科学院、中国工程院和国家自然科学基金委员会在北京联合召开全国地震科技创新大会，中国地震局党组书记、局长郑国光在报告中提出了我国地震科技发展的目标。他指出，力争到2020 年建成开放合作、充满活力的国家地震科技创新体系，形成具有我国地域特色的若干地震科技优势领域，并取得一批突破性研究成果；创新科技成果转化机制，丰富地震科技产品；打造一支结构合理、能攻坚克难、具有一流水平的地震科技人才队伍，使我国地震科技总体水平达到发达国家同期水平。争取到 2030 年，使我国步入世界地震科技强国之列。

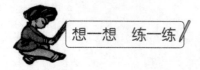

想一想　练一练

1. 自己动手设计一张手抄报，在上面画出或写出你心中通往"减灾希望之路"的所思、所想。

2. 让地壳变得更加透明后，你最想知道的是什么？

3. 同学们该如何做一个防震减灾的"小博士"呢？